中等职业学校教学用书

计算机课程改革实验系列教材

Photoshop 平面设计

李九泊　张　冉　主　编◎

张　珍　副主编◎

段　欣　主　审◎

電子工業出版社

Publishing House of Electronics Industry

北京 • BEIJING

内 容 简 介

本书根据教育部颁发的《中等职业学校专业教学标准（试行）信息技术类（第一辑）》中的相关教学内容和要求编写。

本书采用模块、案例教学的方法，通过案例引领的方式展开，主要讲述了 Photoshop CC 的基础知识、常用工具、图层、通道、蒙版、路径、图像颜色模式及色彩、滤镜、动画、3D 等常用且重要的功能和使用方法，并通过综合应用，比较全面地展示了使用 Photoshop CC 进行平面设计与处理的技巧。

本书可作为中等职业学校计算机数字媒体及其相关方向的核心教材，也可作为各类计算机动漫与制作培训班的教材，还可供计算机动漫与游戏制作人员参考。

图书在版编目（CIP）数据

Photoshop 平面设计 / 李九泊，张冉主编. —北京：电子工业出版社，2019.11

ISBN 978-7-121-37672-6

Ⅰ. ①P… Ⅱ. ①李… ②张… Ⅲ. ①平面设计—图象处理软件—职业教育—教材 Ⅳ. ①TP391.413

中国版本图书馆 CIP 数据核字（2019）第 246970 号

责任编辑：关雅莉　　文字编辑：张　彬
印　　刷：天津千鹤文化传播有限公司
装　　订：天津千鹤文化传播有限公司
出版发行：电子工业出版社
　　　　　北京市海淀区万寿路 173 信箱　邮编　100036
开　　本：787×1 092　1/16　印张：12.75　字数：326.4 千字
版　　次：2019 年 11 月第 1 版
印　　次：2023 年 2 月第 6 次印刷
定　　价：48.00 元

凡所购买电子工业出版社图书有缺损问题，请向购买书店调换。若书店售缺，请与本社发行部联系，联系及邮购电话：（010）88254888，88258888。

质量投诉请发邮件至 zlts@phei.com.cn，盗版侵权举报请发邮件至 dbqq@phei.com.cn。

本书咨询联系方式：（010）88254617，luomn@phei.com.cn。

本书根据教育部颁发的《中等职业学校专业教学标准（试行）信息技术类（第一辑）》中的相关教学内容和要求编写。

Photoshop 是 Adobe 公司的一款专业图形图像处理软件，功能强大、操作便捷，为设计工作者提供了一个广阔的表现空间，实现了许多不易实现的效果。近几年，美术设计、彩色印刷、排版印刷、网页设计、动漫制作、影视制作、广告制作、多媒体制作等诸多数字媒体技术空前发展，被广泛地应用于各技术领域，受到相关行业人员的钟爱。

本书的编写遵循中等职业学校学生的认知规律及学习特点，以丰富、广泛的案例为引领，强调理论与实践相结合，紧密结合 Photoshop CC 2017 新版本在各行业中的应用，将其主要功能纳入进来。本书的主要特点如下。

（1）实用性强。本书案例及实训内容包括照片处理、视觉特效制作、图形绘制、海报设计、户外广告制作、插画绘制、网页设计等，将常见的设计内容囊括其中，与企业岗位所需技能密切结合并有所拓展，提升了本书的实用性。

（2）重点突出技能训练。本书以案例为引领提出问题，引导学生自主分析问题，突破技能难点，并通过实训练习巩固所学，符合中等职业学校学生的学习特点，充分体现了“以能力为本位，以学生为中心”的教学模式。

（3）具有趣味性和启发性。本书所采用的案例及实训内容均来自现实生活，趣味性强；操作时直接通过案例引导学生，具有很强的知识启发性。

全书共分 7 个模块，其中模块 1 ~ 6 讲述 Photoshop CC 的基础知识、常用工具、图层、通道、蒙版、图像颜色模式及色彩、滤镜、动画、3D 等常用且重要的功能和使用方法，模块 7 综合应用 Photoshop CC 解决综合性问题。

本书由鲁中职业学院李九泊、济南信息工程学校张冉担任主编，淄博市职业教育教学研究室张珍担任副主编，山东省教育科学研究院段欣担任主审，鄄城县职业中等专业学校王莹、烟台船舶工业学校王建东等参与编写，一些职业学校的老师参与了测试、试教和修改工作，在此表示衷心的感谢。

由于编者水平有限，书中不妥之处在所难免，恳请广大师生和读者批评指正。

为方便教师教学和学生学习，本书还配有相关教辅资料和素材，请登录华信教育资源网（www.hxedu.com.cn）免费注册后再进行下载。如有问题请在网站留言板留言或与电子工业出版社联系（E-mail：hxedu@phei.com.cn）。

编　者

2019 年 8 月

目
录
CONTENTS

认识 Photoshop CC

Photoshop 是由 Adobe 公司开发的专业图形图像处理软件，其用户界面易懂、功能完善、性能稳定，是目前流行的图形图像编辑应用软件，广泛应用于广告设计、网页设计、三维效果图处理、数码照片处理等方面，大多数广告、出版和软件公司都将 Photoshop 作为首选的平面设计工具。

1.1 Photoshop CC 简介

1. Photoshop 的基本功能

Photoshop 具有以下基本功能。

（1）图像编辑。图像编辑是图像处理的基础，可对图像做各种变换，如放大、缩小、旋转、倾斜、镜像、透视等；也可复制图像、去除斑点、修补和修饰图像的残损等。

（2）图像合成。图像合成是指将几幅图像通过图层操作、工具应用合成完整的、能传达明确意义的图像。

（3）校色调色。校色调色是指可方便快捷地对图像的颜色进行明暗、色偏的调整和校正，也可在不同颜色间进行切换以满足图像在不同领域（如网页设计、印刷、多媒体等）的应用。

（4）特效制作。特效制作主要是指利用滤镜、通道及工具的综合应用，完成图像的特效创意和特效字的制作。

2. Photoshop CC 的新增功能

Photoshop CC 除对软件进行了日常的 Bug（漏洞）修复以外，还进行了功能追加与特性完善。新功能包括：保存到云、相机防抖动、全新的 Camera Raw（相机拍摄原始格式）

滤镜、更好的 3D 工具、全新的智能锐化、CSS（层叠样式表）属性复制、图片放大时保留更多细节、条件动作等。

1.2 Photoshop CC 的工作窗口

启动 Photoshop CC 以后，打开如图 1-1 所示的工作窗口，可以看到 Photoshop CC 窗口在原有的基础上进行了创新，许多功能更加窗口化、按钮化。其窗口中主要包括菜单栏、标题栏、工具栏、工具选项栏、图像编辑窗口、浮动控制面板、状态栏等。

图 1-1　Photoshop CC 的工作窗口

1. 菜单栏

菜单栏位于 Photoshop CC 界面顶端，包含了可以执行的各种命令，单击菜单名即可打开相应的菜单，也可以通过按【Alt】键+菜单括号内的字母键打开相应的菜单（如打开“文件”菜单的组合键是【Alt+F】)。Photoshop CC 的菜单栏由“文件”“编辑”“图像”“图层”“文字”“选择”“滤镜”“3D”“视图”“窗口”和“帮助”11 个菜单组成，各菜单的功能如下。

（1）文件。在“文件”菜单中可以选择“新建”“打开”“存储”“关闭”“导入”“打印”等一系列针对文件的命令。

（2）编辑。“编辑”菜单中的命令用于对图像进行编辑，包括“还原”“剪切”“粘贴”“填充”“变换”“定义图案”等命令。

（3）图像。“图像”菜单中的命令主要针对图像模式、颜色、大小等进行调整和设置。

（4）图层。“图层”菜单中的命令主要针对图层进行相应的操作，包括“复制图层”“图层蒙版”“图层样式”等，这些命令便于用户对图层进行运用和管理。

（5）文字。“文字”菜单中的命令用于对文字进行设置，包括“创建工作路径”“栅格化文字图层”“转换为形状”“文字变形”等。

（6）选择。“选择”菜单中的命令主要针对选区进行操作，可以对选区进行反选、取消选择、修改、变换、扩大、载入等操作。这些命令结合选区工具使用，可以使用户更方便地对选区进行操作。

（7）滤镜。“滤镜”菜单（见图 1-2）中的命令可以设置各种特殊的画面效果，在制作特效方面功不可没。

滤镜(T) 3D(D) 视图(V) 窗口(W) 帮助(
上次滤镜操作(F) Alt+Ctrl+F
转换为智能滤镜(S)
滤镜库(G)...
自适应广角(A)... Alt+Shift+Ctrl+A
镜头校正(R)... Shift+Ctrl+R
液化(L)... Shift+Ctrl+X
消失点(V)... Alt+Ctrl+V
3D
风格化
模糊
模糊画廊
扭曲
锐化
视频
像素化
渲染
杂色
其它
浏览联机滤镜...

图 1-2 “滤镜”菜单

（8）3D。“3D”菜单针对 3D 图像执行操作，通过其中的菜单命令可以执行打开 3D 文件、将 2D 图像创建为 3D 图形、3D 渲染等操作。

（9）视图。“视图”菜单中的命令可以对整个视图进行调整和设置，如缩放视图、显示标尺、设置参考线等。

（10）窗口。“窗口”菜单中的命令主要用于对工作界面中的面板、工具栏、窗口等操作界面进行调整。在进行图像的编辑和后期处理过程中，Photoshop CC 的工作界面是受到限制的，因此，快速有效地显示和控制操作的面板是提高工作效率的一个重要因素。

（11）帮助。“帮助”菜单中的命令提供了使用 Photoshop CC 的各种帮助信息。在使用 Photoshop CC 的过程中，若遇到问题可以借助该菜单及时了解各种命令、工具和功能的使用信息。

11 个菜单中包含了 Photoshop CC 所有的操作命令，单击菜单项后，在其下拉菜单中选择相应的命令，可执行相应的操作。

2. 标题栏

在 Photoshop CC 中，每打开一个图像文件，即在图像编辑窗口的标题栏内增加一个选项卡；若要显示已经打开的某幅图像，只要单击对应的选项卡即可。在标题栏的每个选项卡中显示的内容有图像文件名、图像显示比例、图像当前图层名、图像颜色模式、颜色位深度等信息及文件关闭按钮。

3. 工具栏

工具栏位于窗口的最左侧，包含了用于图像绘制和编辑处理的 60 多种工具，有较强的伸缩性，通过单击工具栏顶部的伸缩栏，可以在单栏和双栏之间进行切换。工具栏将功能相近的工具归为一组放在一个工具组按钮中，按钮右下角有一个黑色三角的表明是一个工具组按钮。当在该按钮上按住鼠标左键不放或右击该按钮时，就可以打开相应的工具组。例如，吸管工具组如图 1-3 所示。

图 1-3　工具栏中的吸管工具组

4. 工具选项栏

选择了工具栏中的工具后，与该工具相对应的选项便出现在工具选项栏中，工具选项栏默认位于菜单栏的下方。例如，“魔术棒工具”选项栏中显示“魔术棒工具”的各项参数，通过对各项参数的设置可以设定该工具不同的工作状态，如图 1-4 所示。

图 1-4　“魔术棒工具”选项栏

5. 图像编辑窗口

图像编辑窗口由标题栏、画布、状态栏组成。

6. 浮动控制面板

浮动控制面板默认位于窗口的最右侧。Photoshop CC 提供了 20 多种面板，每种都有特定的功能。

（1）展开和收缩面板。面板与工具栏一样，也具备伸缩性。可以利用面板顶端的“展开面板”按钮将面板展开，也可以利用“折叠为图标”按钮将面板收缩为图标。

（2）拆分和组合面板。用鼠标拖曳面板的标签至工作区的空白区域，即可将面板分离成一个独立的面板。如图 1-5 所示为拆分的独立的“历史记录”面板。用鼠标拖曳一个独立的面板至目标面板上，直至目标面板呈蓝色反光状态时松开鼠标即可组合面板。如图 1-6 所示为“图层”“通道”“路径”的组合面板。

图 1-5　独立的“历史记录”面板

图 1-6　“图层”“通道”“路径”的组合面板

（3）面板菜单。在每个面板的右上角均有一个面板菜单按钮，单击该按钮即可展开该面板的菜单。

7. 状态栏

打开一个图像文件后，每个图像编辑窗口的底部为状态栏。状态栏主要由 3 个部分组成：左侧显示当前图像的显示比例，可在此输入一个值改变图像的显示比例；右侧默认显示当前图像的大小，前面的数字代表所有图层合并后的图像大小，后面的数字代表当前包含所有图层的图像大小。

1.3 图形图像基础

1. 图形图像的类型

计算机图形图像一般可以分为位图图像和矢量图形两大类。这两种类型有着各自的优点，在使用 Photoshop 处理图像文件时经常交叉使用。

（1）位图图像。位图也称为点阵图或栅格图，它的基本元素是像素。当把位图放大到一定程度后，就会发现整个画面是由排成行列的一个个小方格组成的，这些小方格被称为像素。单位面积内，像素点越多，图像越清晰，同时占用的存储空间也越大。对于一幅图像来说，位图的优点在于它可以表达色彩丰富、细致逼真的画面；缺点是位图占用的存储空间比较大，而且放大输出时会发生失真现象。常用的位图格式有 BMP、JPG、JPEG、PSD、GIF、TIFF、PDF 等。

（2）矢量图形。矢量图形的基本组成元素是图元，也就是图形指令。矢量图形的优点是将它们缩放或旋转时不会发生失真现象，同时所占的存储空间一般较小；缺点是能够表现的色彩比较单调，不能像照片那样表达色彩丰富、细致逼真的画面。矢量图形通常用来表现线条化明显、具有大面积色块的图案。常用的矢量图形格式有 AI（Illustrator 源文件格式）、DXF（AutoCAD 图形交换格式）、WMF（Windows 图元文件格式）、SWF（Flash 文件格式）等。

2. 分辨率

分辨率通常分为显示分辨率、图像分辨率、输出分辨率等。

（1）显示分辨率。显示分辨率是指显示器屏幕上能够显示的像素点的个数，通常用显示器水平和垂直方向上能够显示的像素点个数的乘积来表示。如显示器的分辨率为 1200 像素×800 像素，则表示该显示器在水平方向可以显示 1200 个像素点，在垂直方向可以显示 800 个像素点，共可显示 960000 个像素点。显示器的显示分辨率越高，显示的图像越清晰。

（2）图像分辨率。图像分辨率是指组成一幅图像的像素点的个数，通常用图像在宽度和高度方向上所能容纳的像素个数的乘积来表示。在某些情况下，它可以用“每英寸的像素数”或“像素/英寸”（pixels per inch，ppi）来衡量。图像分辨率既反映了图像的精细程度，又表示了图像的大小。在显示分辨率一定的情况下，图像分辨率越高，图像越清晰，同时图像也越大。

（3）输出分辨率。输出分辨率是指输出设备（主要指打印机）在每个单位长度内所能输出的像素点的个数，通常用“每英寸的点数”或“点/英寸”（dots per inch，dpi）来表示。输出分辨率越高，输出的图像质量就越好。

3. 颜色位深度

在图像中，各像素的颜色信息是用二进制位数来描述的。颜色位深度就是指存储每像素所用的二进制位数。颜色位深度确定彩色图像的每像素可能有的颜色数，或者确定灰度图像的每像素可能有的灰度级数。如果图像的颜色位深度用 n 来表示，那么该图像能够支持的颜色数（或灰度级数）为 2^n。图像的颜色位深度通常有 1 位、4 位、8 位、16 位、24 位、32 位之分。在 1 位图像中，每像素的颜色只能是黑色或白色；若颜色位深度为 24 位，则支持的颜色数目达 1677 万种，通常称为真彩色。

4. 颜色模式

颜色模式是指在显示器屏幕上和打印页面上重现图像色彩的模式。不同的颜色模式用于图像显示的颜色数不同，拥有的通道数和图像文件大小也不同。

（1）灰度模式。灰度模式只有灰度色（图像的亮度），没有彩色。在灰度图像中，每像素以 8 位或 16 位显示，取值范围为 0（黑色）~255（白色），即最多可以使用 256 级灰度。

（2）RGB 颜色模式。RGB 颜色模式用红（R）、绿（G）、蓝（B）三原色混合产生各种颜色。在该模式的图像中，每像素 R、G、B 的颜色值范围均为 0~255（如当 R、G、B 都为 255 时，为纯白色；都为 0 时，为纯黑色），各用 8 位二进制数来描述；每像素的颜色信息由 24 位颜色位深度来描述，即所谓的真彩色。RGB 颜色模式是 Photoshop 中最常用的颜色模式，也是 Photoshop 默认的颜色模式。对于编辑图像而言，RGB 颜色模式是最佳的颜色模式，但不是最佳的打印模式，因为其定义的许多颜色超出了打印范围。

（3）CMYK 颜色模式。CMYK 颜色模式是一种减色模式，是一种基于青（C）、洋红（M）、黄（Y）和黑（K）四色的印刷模式。CMYK 颜色模式通过油墨反射光来产生色彩，因其中一部分光线会被吸收，所以该模式定义的色彩数比 RGB 颜色模式少得多，是最佳的打印模式。若图像由 RGB 颜色模式直接转换为 CMYK 颜色模式必将损失一部分颜色。

（4）Lab 颜色模式。Lab 颜色模式由 3 个通道组成，其中，L 是亮度通道，a 和 b 是颜色通道。Lab 颜色模式是 Photoshop 内部的颜色模式，可以表示的颜色最多，是目前色彩范围最广的一种颜色模式。Lab 颜色模式转换为 CMYK 颜色模式不会出现颜色丢失现象，因此，在 Photoshop 中常将 Lab 颜色模式作为 RGB 颜色模式转换为 CMYK 颜色模式的中间过渡模式。

除上述 4 种基本颜色模式外，Photoshop 还支持位图模式、双色调模式、索引颜色模式、多通道模式等。

5. 图形图像的存储格式

图形图像的存储格式有很多种，每种都有不同的特点和应用范围，可根据不同的需求将图形图像保存为不同格式。

（1）BMP。BMP 是位图格式，是 Windows 系统中的标准图像格式。这种格式不采用压缩技术，所以占用的磁盘空间较大。BMP 支持 RGB 颜色模式、索引颜色模式、灰度模式和位图模式，但不支持 Alpha 通道和 CMYK 颜色模式。

（2）JPEG。JPEG是采用JPEG（Joint Photographic Experts Group，联合图像专家组）压缩标准进行压缩的图像文件格式，是一种有损压缩格式，占用的存储空间小，适合网络传输，可以显示网页（HTML）文档中的照片和其他连续色调图像，是网络上常用的图像文件格式。

（3）PSD。PSD是Photoshop专用的图像文件格式，可以将Photoshop的图层、通道、颜色模式等信息都保存起来，以便于对图像进行修改。它是一种支持所有图像模式的图像文件格式。

（4）GIF。GIF（Graphics Interchange Format，图形交换格式）是一种压缩的图像文件格式，占用的存储空间较小，适合网络传输，可以显示网页文档中索引颜色模式的图形图像，保留索引颜色模式图形图像的透明度，不支持Alpha通道。GIF有256种颜色，可以形成动画效果。

（5）TIFF。TIFF（Tag Image File Format，标记图像文件格式）是一种压缩的位图格式，支持具有Alpha通道的CMYK颜色模式、RGB颜色模式、Lab颜色模式、索引颜色模式、灰度模式等，支持无Alpha通道的位图模式，占用的存储空间较小，适合网络传输。Photoshop在该格式中能存储图层信息，但在其他应用程序中打开该类文件时只能看到拼合后的图像。TIFF常用于在不同程序和不同操作系统之间交换文件。

（6）PNG。PNG（Portable Network Graphics，可移植网络图形）格式是一种位图文件存储格式，它采用由LZ77算法派生而来的无损数据压缩算法。用PNG格式存储灰度图像时，灰度图像的颜色位深度可多达16位；存储彩色图像时，图像的颜色位深度可多达48位，并且可存储多达16位的Alpha通道数据。PNG格式具有高保真、透明、文件较小等特性，被广泛应用于网页设计、平面设计中。

（7）PDF。PDF（Portable Document Format，可移植文件格式）与软、硬件和操作系统无关，是一种跨平台的文件格式，便于交换文件与浏览，支持RGB、CMYK、Lab等多种颜色模式。

（8）EPS。EPS（Encapsulated PostScript，压缩PostScript语言文件）格式是为在PostScript打印机上输出图像开发的格式。其最大的优点在于可以在排版软件中以低分辨率预览，而在打印时以高分辨率输出。

案例1 观察课堂瞬间——图像的浏览

案例描述

打开如图1-7所示的Photoshop CC界面，尝试打开素材中的“课堂瞬间”图像，并以不同的比例观察该图像，既要观察整体效果，又要有针对不同位置的细致观察，判断其是矢量图还是位图。

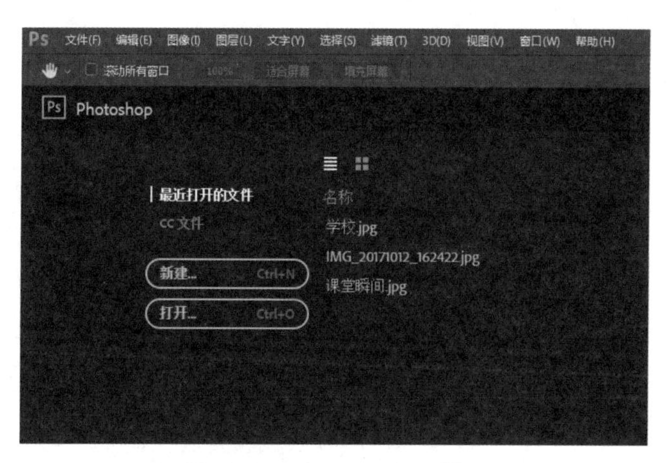

图 1–7 Photoshop CC 界面

案例解析

- 启动 Photoshop CC 程序并在该程序中打开文件。
- 熟悉 Photoshop CC 的工作界面。
- 学习使用“缩放工具”和“抓手工具”进行图像全局或指定部分的浏览与细节观察。
- 学习使用标尺、参考线对图像进行精确定位。

案例实现

（1）双击 Photoshop CC 的快捷图标，或选择“开始→程序→Adobe Photoshop CC”命令，启动 Photoshop CC，然后选择“文件→打开”命令，在弹出的如图 1–8 所示的对话框中找到并打开“课堂瞬间”文件。

图 1–8 在 Photoshop CC 中打开文件

（2）单击工具栏中的“缩放工具”，在画布中单击鼠标，将图像放大到 600%的显示比例，如图 1–9 所示，图像发生了失真，所以可以判断该图为位图。

（3）在按住【Alt】键的同时用“缩放工具”在画布中单击鼠标，将图像缩小到 50%的显示比例，如图 1-10 所示。

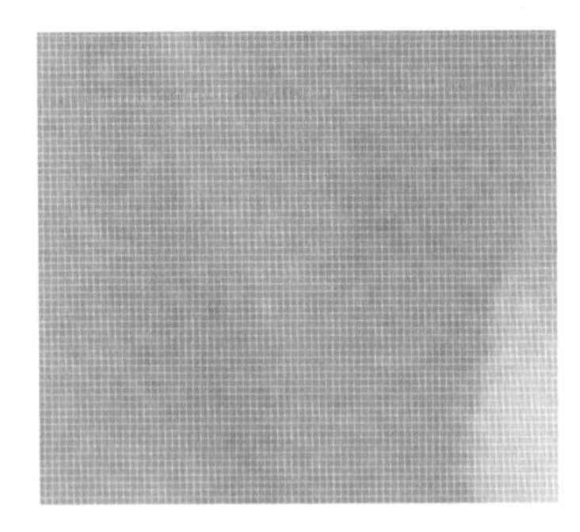

图 1-9　以 600%的比例显示

图 1-10　以 50%的比例显示

（4）单击工具栏中的“抓手工具”，在画布中拖曳即可移动图像，以观察图像的其他部分，如图 1-11 所示。双击“抓手工具”，观察图像的变化，如图 1-12 所示。

图 1-11　用“抓手工具”将图像移至左上角

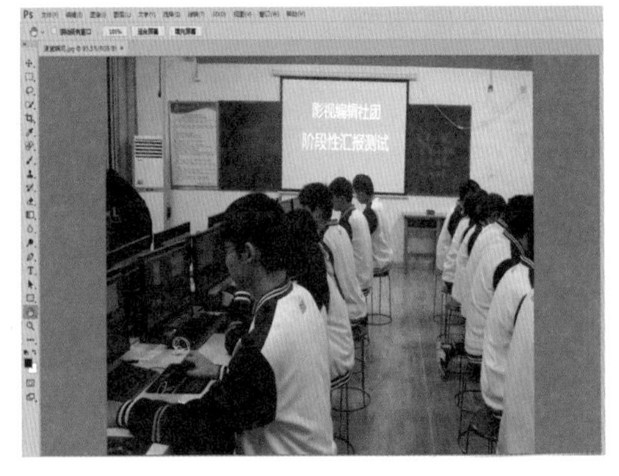

图 1-12　双击“抓手工具”后

（5）单击工具栏中的“缩放工具”，在工具选项栏中单击“适合屏幕”，将图像调整为适合屏幕的显示比例，双击“缩放工具”观察图像。

（6）选择“视图→标尺”命令或按【Ctrl+R】组合键，可显示或隐藏水平标尺和垂直标尺。

（7）在标尺上向图像方向拖曳鼠标指针，产生一条水平参考线和一条垂直参考线，如图 1-13 所示。

（8）选择“视图→显示→网格”命令或按【Ctrl+'】组合键，可在当前画布中显示网格，如图 1-14 所示。

（9）选择“文件→存储为”命令，将图像文件保存在合适位置。

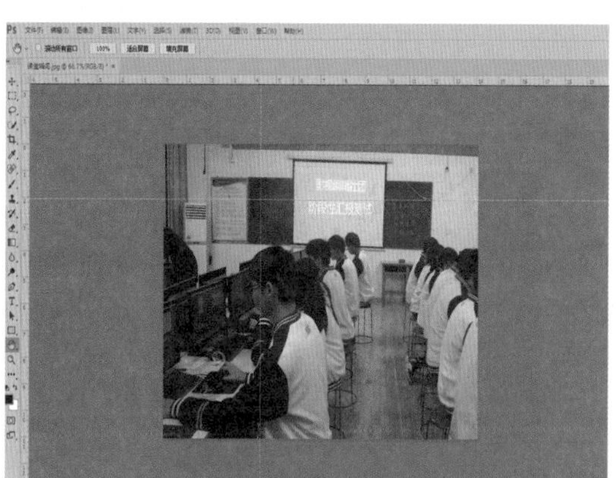

图 1-13　显示标尺和参考线

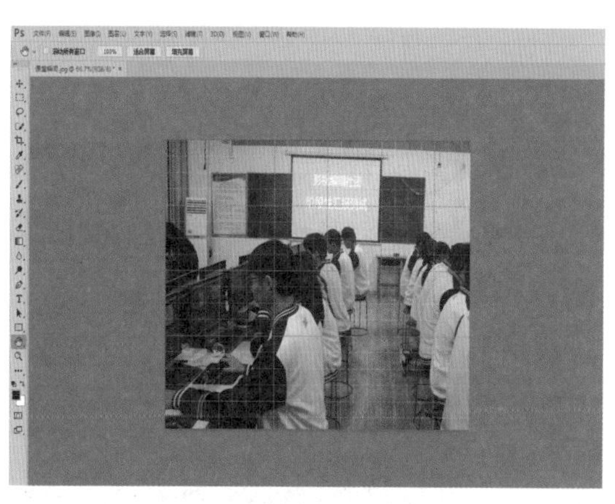

图 1-14　显示网格

1.4 图像文件的基本操作

1. 新建图像文件

选择“文件→新建”命令或按【Ctrl+N】组合键，可打开“新建文档”对话框，如图 1-15 所示。

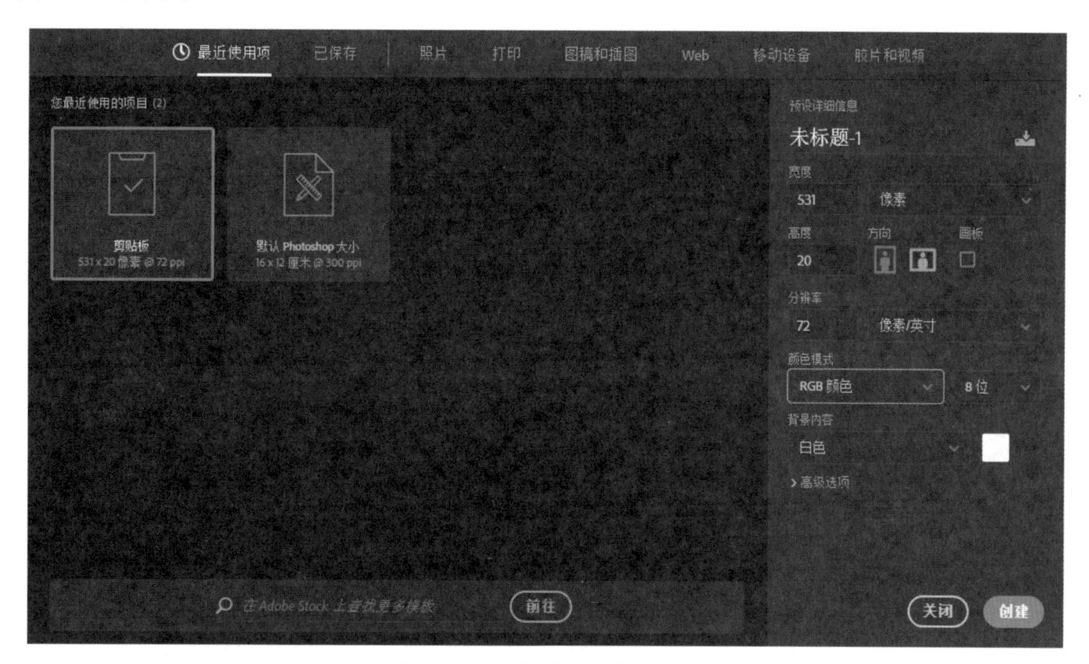

图 1-15　“新建文档”对话框

（1）宽度和高度：用于自定义文件的尺寸。

（2）分辨率：用于设置图像的分辨率。在文件宽度和高度不变的情况下，分辨率越高，图像越清晰。

（3）颜色模式：用于选择图像的颜色模式，如图 1-16 所示。

（4）背景内容：用于选择新建图像的背景色，如图 1-17 所示。

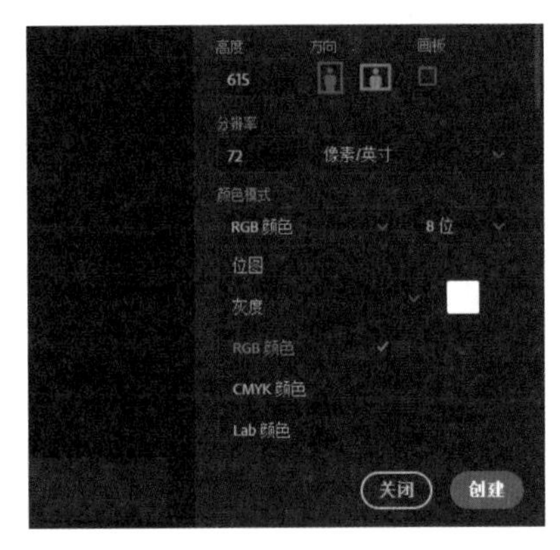

图 1-16　选择颜色模式

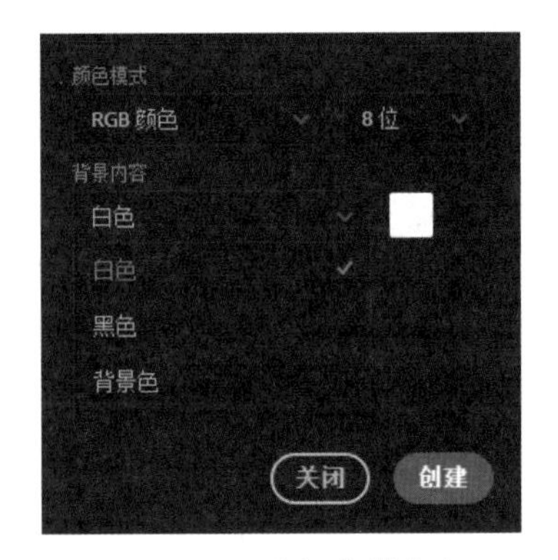

图 1-17　选择背景内容

在该对话框中设置完各项参数后，单击“创建”按钮，即可在 Photoshop CC 工作环境中新增一个画布窗口。

2. 保存图像文件

选择“文件→存储为”命令或按【Shift+Ctrl+S】组合键，即可弹出“另存为”对话框，如图 1-18 所示。在该对话框中可以设置文件的保存位置、文件名、保存类型等，设置完毕后，单击“保存”按钮。

图 1-18　“另存为”对话框

3. 打开图像文件

选择“文件→打开”命令或按【Ctrl+O】组合键，即可弹出“打开”对话框，在相应的文件夹中选择要打开的图像文件，单击“打开”按钮。

1.5 图像的浏览

在使用 Photoshop CC 编辑图像时，以适当的比例显示图像非常关键。因为在编辑图像过程中，有时需要从整体的角度来观察图像，有时要对细微之处进行精细修改，所以学会在 Photoshop CC 窗口中以不同的显示比例浏览图像很有必要。

1. 缩放工具

“缩放工具”用来放大或缩小图像的显示比例。选择该工具后，每单击一次图像，图像将按设定的比例进行放大；在单击鼠标的同时按下【Alt】键，每单击一次则按设定的比例进行缩小；双击“缩放工具”，可使图像以 100%的比例显示；若利用“缩放工具”在图像中拖曳出一个矩形框，则矩形框中的图像部分会放大显示在画布中。

“视图”菜单中有一组改变图像显示比例的命令。

（1）放大（Ctrl++）：放大图像显示。

（2）缩小（Ctrl+-）：缩小图像显示。

（3）按屏幕大小缩放（Ctrl+0）：使图像以适合屏幕大小显示。

（4）100%（Ctrl+1）：使图像以 100%的比例显示。

（5）200%：使图像以 200%的比例显示。

（6）打印尺寸：使图像以实际打印的尺寸显示。

“缩放工具”选项栏中也有相应命令，如图 1-19 所示。

调整窗口大小以满屏显示 缩放所有窗口 细微缩放 100% 适合屏幕 填充屏幕

图 1-19 “缩放工具”选项栏

2. 抓手工具

若图像本身的尺寸较大或图像放大后超出了画布的显示范围，则选择工具栏中的“抓手工具”，在画布中拖曳即可观察图像的不同区域。“抓手工具”选项栏如图 1-20 所示，可以设置图像以实际大小显示、以适合屏幕大小显示、以填充屏幕大小显示等。

滚动所有窗口 100% 适合屏幕 填充屏幕

图 1-20 “抓手工具”选项栏

3. 辅助工具

利用 Photoshop CC 进行图像编辑时，一些常用的辅助操作是不可或缺的。如常用的网格、标尺、参考线可以在绘制和移动图像的过程中精确地对图像进行定位和对齐，从而提高操作时的准确性。

（1）网格。

① 网格的显示与隐藏：选择“视图→显示→网格”命令，或按【Ctrl+'】组合键，就会在当前画布中显示网格；再次选择该命令，就会隐藏网格。选择“视图→对齐到→网格”命令，可以使绘制的选区或图形自动对齐到网格线上；再次选择该命令，可关闭对齐网格功能。

② 网格的设置：选择“编辑→首选项→参考线、网格和切片”命令，弹出“首选项”对话框，在对话框中设置“网格”的参数，单击“确定”按钮，如图 1-21 所示。

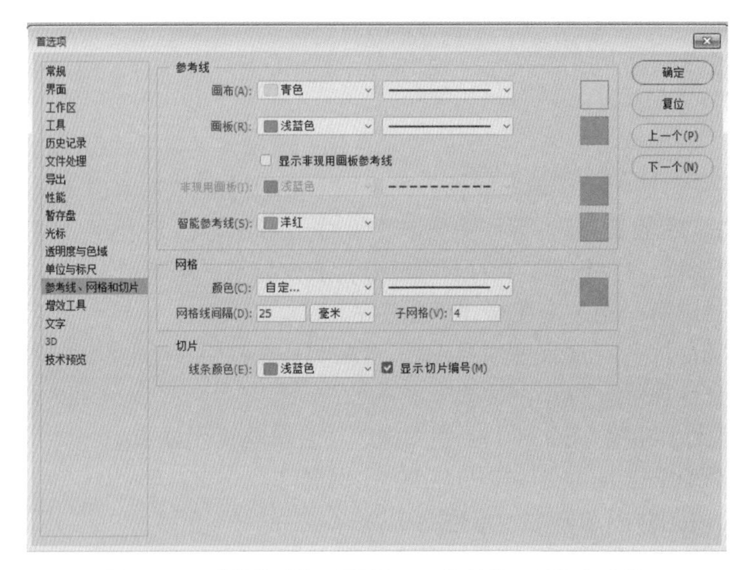

图 1-21　“首选项”对话框——参考线、网格和切片

（2）标尺。

① 标尺的显示与隐藏：选择“视图→标尺”命令，或按【Ctrl+R】组合键，标尺将显示在画布中；再次选择该命令，标尺将被隐藏。

② 标尺的设置：选择“编辑→首选项→单位与标尺”命令，弹出“首选项”对话框，在对话框中设置“标尺”的参数，单击“确定”按钮，如图 1-22 所示。

（3）参考线。

① 参考线的创建：选择“视图→新建参考线”命令，弹出“新建参考线”对话框，进行“取向”与“位置”的设置后，单击“确定”按钮；或在标尺上向图像方向拖曳出水平参考线或垂直参考线。

② 参考线的显示与隐藏：选择“视图→显示→参考线”命令，或按【Ctrl+H】组合键，参考线将显示在窗口中；再次选择该命令，参考线将被隐藏。

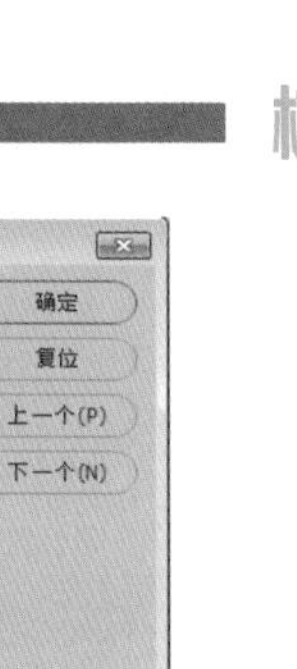

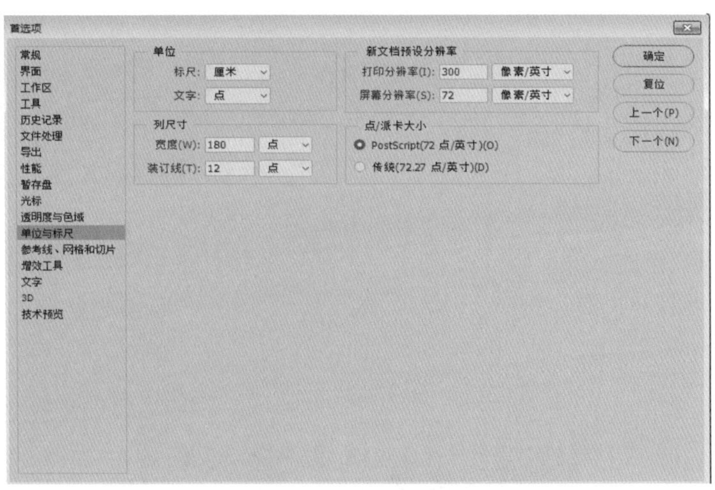

图 1-22 “首选项”对话框——单位与标尺

③ 参考线的锁定：选择“视图→锁定参考线”命令，参考线将被锁定，不能移动；再次选择该命令，可解除参考线的锁定。

④ 参考线的清除：选择“视图→清除参考线”命令，全部参考线被清除。

⑤ 参考线的设置：选择“编辑→首选项→参考线、网格和切片”命令，弹出“首选项”对话框，在对话框中设置“参考线”的参数，单击“确定”按钮。

一、填空题

1．计算机处理的图形图像分为________和________。

2．分辨率分为显示分辨率、________和________。

3．支持 Photoshop 所有功能的图像文件格式是________，支持透明设置的图像文件格式有________和________。

4．常用于在不同应用程序和不同操作系统之间交换文件的图像文件格式是________。

5．RGB 颜色模式用________、________、________三原色混合产生各种颜色。

6．在 Lab 颜色模式中，表示亮度的通道是________。

7．在 Photoshop CC 标题栏中显示的内容有________、________、________、________、__________等信息及文件关闭按钮。

8．在 Photoshop CC 当前图像编辑窗口的状态栏中，“文档大小”部分显示为 文档:45.6M/91.1M ，其中的“45.6M”表示________。

二、简答题

简述矢量图、位图的区别有哪些。

三、上机操作题

1．新建一个长和宽分别为 32 厘米和 11 厘米、分辨率为 72 像素/英寸、颜色模式为灰色、背景色为红色的图像，以“PS 作品”为文件名保存。

2．打开“学校”文件，如图 1-23 所示。

图 1-23 “学校”文件

（1）将图像的显示比例放大至 150%。

（2）用“抓手工具”查看图像文件的每个区域。

（3）判断该图是矢量图还是位图。

模块 2

常用工具

案例 2 绘制复古摄影机——规则选区的创建和填充

案例描述

绘制如图 2-1 所示的复古摄影机。

图 2-1 复古摄影机

案例解析

- 初步认识图层，了解 Photoshop 的构图理念。
- 使用规则选框工具创建选区。
- 使用填充工具或快捷键为选区填充颜色。
- 使用“自由变换”命令调整图形。
- 使用“变换”命令调整图形。

案例实现

（1）启动 Photoshop CC，选择“文件→新建”命令，打开“新建文档”对话框，选择“默认 Photoshop 大小”，单击“创建”按钮，创建一个新文档。

（2）选择“视图→显示→网格”命令，使画布中显示网格。

（3）查看工具栏中的“设置前景色”图标是否为黑色，若不是，按键盘上的【D】键，使前景色和背景色恢复为默认值（前景色和背景色分别为黑色和白色）。

（4）单击“图层”面板中的“创建新图层”按钮，新建一个图层，重命名为“机体”。选中该图层，使其成为当前图层。

（5）选择工具栏中的“矩形选框工具”，在画布中拖曳鼠标指针，创建一个矩形选区。单击“矩形选框工具”选项栏中的“添加到选区”按钮，在矩形选区的上方再绘制一个合适大小的矩形选区，如图 2-2 所示。

（6）选择工具栏中的“油漆桶工具”，在选区内单击鼠标或按【Alt+Delete】组合键，给选区填充颜色，按【Ctrl+D】组合键取消选区，得到摄影机机体结构，如图 2-3 所示。

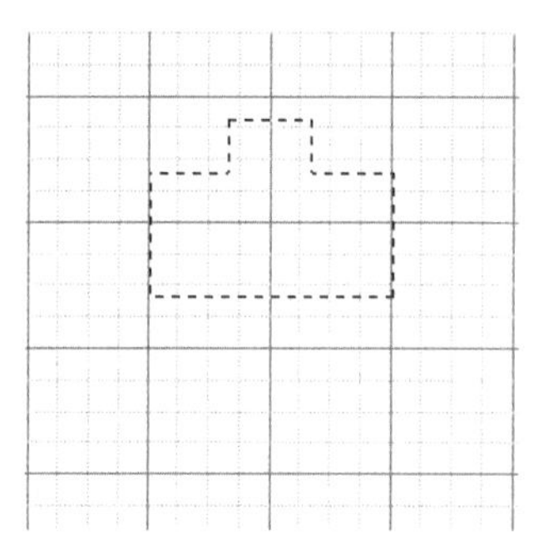

图 2-2　机体选区

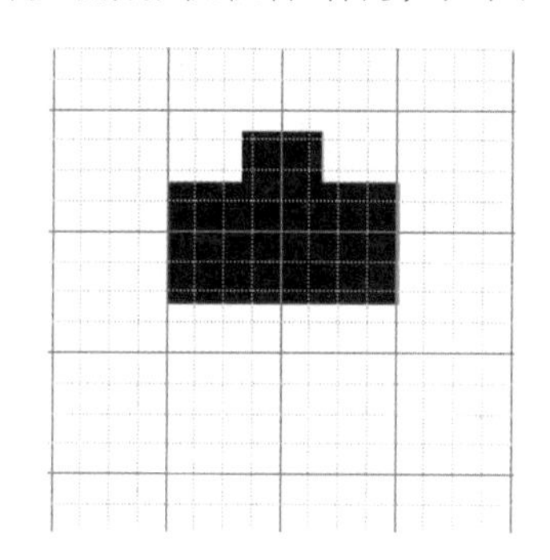

图 2-3　机体效果

（7）新建一个图层，重命名为“方框”。选中该图层，使其成为当前图层。选择工具栏中的“矩形选框工具”，在机体内部拖曳鼠标指针，创建一个矩形选区。单击“矩形选框工具”选项栏中的“从选区减去”按钮，在矩形选区的内部再绘制一个合适大小的矩形选区，如图 2-4 所示。

（8）按【Ctrl+Delete】组合键，给选区填充颜色，按【Ctrl+D】组合键取消选区，得到摄影机主体结构，如图 2-5 所示。

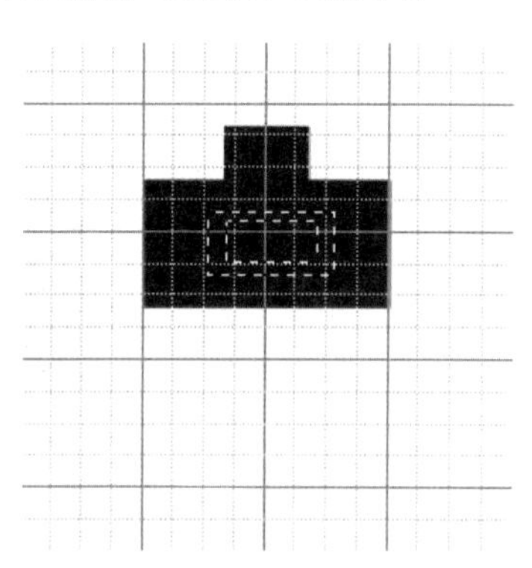

图 2-4　方框选区

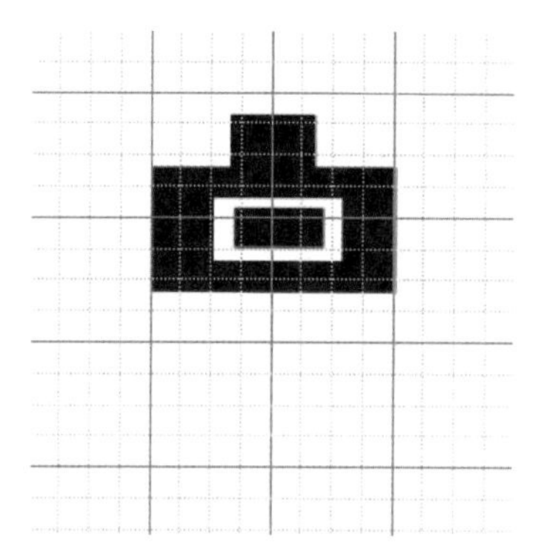

图 2-5　方框效果

（9）新建一个图层，重命名为“胶片 1”。选中该图层，使其成为当前图层。选择工具栏中的“椭圆选框工具”，在机体内上方按住【Alt+Shift】组合键拖曳鼠标指针，创建一个圆形选区。单击“椭圆选框工具”选项栏中的“从选区减去”按钮，在圆形选区的内部再绘制一个合适大小的圆形选区，如图 2-6 所示。

（10）选择工具栏中的“油漆桶工具”，在选区内单击鼠标或按【Alt+Delete】组合键，给选区填充颜色，按【Ctrl+D】组合键取消选区，得到胶片 1 效果，如图 2-7 所示。

（11）选择“图层→新建→通过拷贝的图层”命令，复制一个新图层，重命名为“胶片 2”。选择工具栏中的“移动工具”，将复制的圆环移至机体上方右侧位置，得到胶片 2 效果。

（12）新建一个图层，自动命名为“图层 1”。在机体的右侧绘制一个小矩形块，选择“图层→新建→通过拷贝的图层”命令，复制一个新图层。单击复制的图层，使其成为当前图层。选择工具栏中的“移动工具”，将复制的小矩形块移至右侧，选择“编辑→变换→透

视”命令，矩形块周边出现 8 个控制点，如图 2-8 所示。

（13）将右上角的控制点向上移至合适位置，形成摄影机的镜头效果，如图 2-9 所示。按住【Ctrl】键，在“图层”面板中依次单击“图层 1”及复制的图层，选择“图层→合并图层”命令。将合并后的图层重命名为“镜头”。

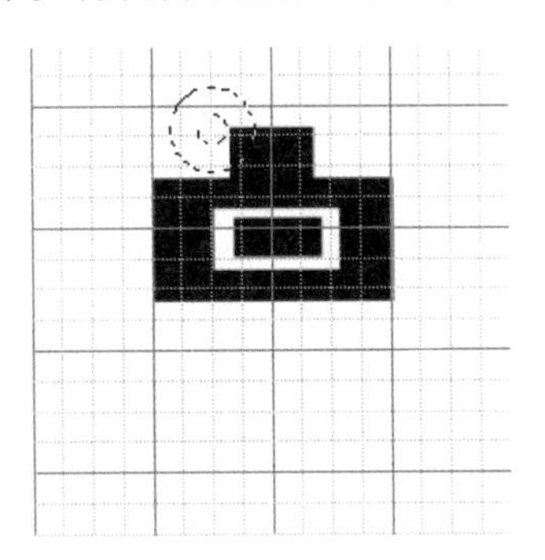

图 2-6　胶片 1 选区

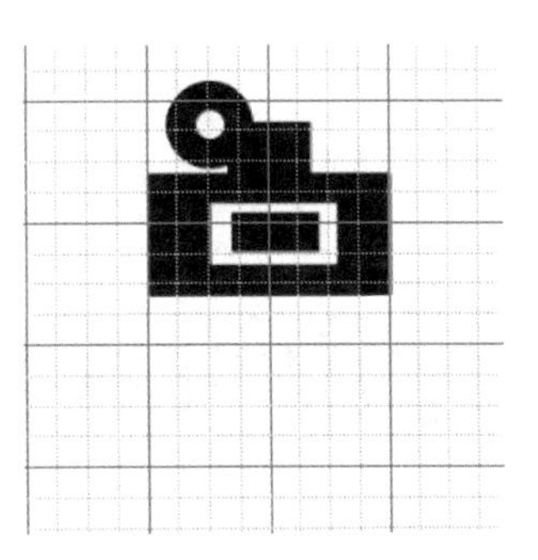

图 2-7　胶片 1 效果

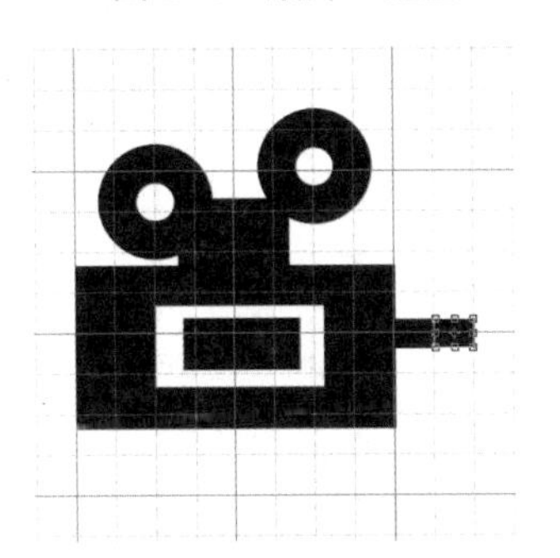

图 2-8　选择“透视”命令后

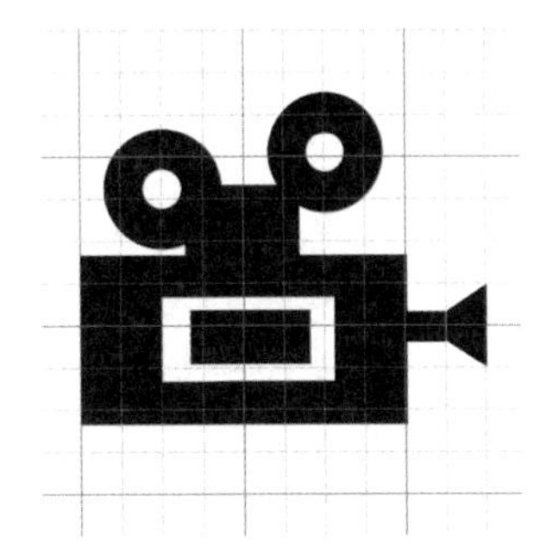

图 2-9　镜头效果

（14）选择“镜头”图层，选择“图层→新建→通过拷贝的图层”命令，复制一个新图层，命名为“取景器”。在“图层”面板中单击“取景器”图层，选择“编辑→变换→水平翻转”命令，将图像移至机体的左侧，再选择“编辑→自由变换”命令，图像周边出现 8 个控制点。拖曳控制点，将图像变小一点，调整图像位置，形成如图 2-10 所示的取景器效果。

（15）新建一个图层，自动命名为“图层 1”。在机体的下方绘制一个矩形选区，并填充黑色，再新建一个图层，自动命名为“图层 2”。在矩形的下方绘制一个黑色的椭圆形，调整到合适位置。选择刚建立的两个图层，选择“图层→合并图层”命令，合并图层，命名为“支架 1”，作为摄影机的支架，如图 2-11 所示。

图 2-10　取景器效果

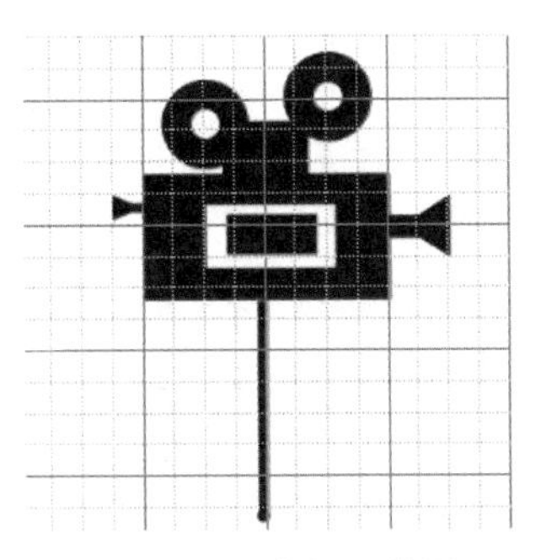

图 2-11　支架 1 效果

（16）选择“支架 1”图层，两次选择“图层→新建→通过拷贝的图层”命令，复制两个图层，分别命名为“支架 2”和“支架 3”。选择“支架 2”图层，向左调整到合适位置，选择“编辑→自由变换”命令，将图像顺时针旋转 30° 左右。选择“支架 3”图层，向右调整到合适位置，选择“编辑→自由变换”命令，将图像逆时针旋转 30° 左右。最终得到如图 2-1 所示的复古摄影机效果。

（17）选择“文件→存储为”命令，打开“另存为”对话框，设置保存位置，输入文件名，格式使用默认的 PSD，单击“保存”按钮。

2.1 规则选框工具组

规则选框工具组包括“矩形选框工具”“椭圆选框工具”“单行选框工具”及“单列选框工具”，其作用是创建形状规则的选区。将鼠标指针指向工具栏中的规则选框工具，按住鼠标左键不放或单击鼠标右键，打开如图 2-12 所示的规则选框工具组，在要选择的工具上单击鼠标即可选择相应的工具。

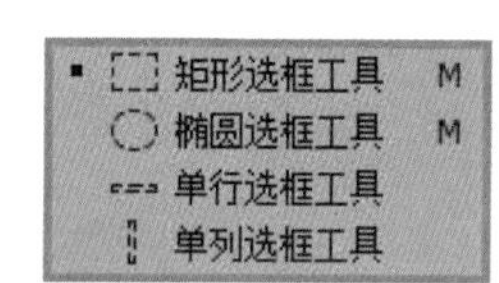

图 2-12 规则选框工具组

选择“矩形选框工具”或“椭圆选框工具”后，将鼠标指针移至画布中，在按住鼠标左键的同时拖曳，可创建矩形或椭圆形选区。

（1）直接拖曳，可创建任意大小、任意比例的矩形或椭圆形选区。

（2）在按住【Shift】键的同时拖曳，可创建一个正方形或正圆形选区。

（3）在按住【Alt】键的同时拖曳，可创建一个以鼠标指针落点为中心的矩形或椭圆形选区。

（4）在按住【Alt+Shift】组合键的同时拖曳，可创建一个以鼠标指针落点为中心的正方形或正圆形选区。

选择“单行选框工具”或“单列选框工具”后，在画布中单击鼠标，可创建一个 1 像素的单行或单列选区。

选择规则选框工具后，将出现该工具的选项栏。如图 2-13 所示为“矩形选框工具”选项栏。

羽化: 0 像素　消除锯齿　样式: 正常　宽度:　高度:　选择并遮住...

图 2-13 “矩形选框工具”选项栏

1. 选区的运算

（1）新选区：创建选区的默认方式。在该方式下，选择任一选框工具，在图像中拖曳鼠标指针，均可创建一个新选区，若图像中原来有选区，则原有选区消失。

（2）添加到选区：单击“添加到选区”按钮，新创建的选区将与图像中的原有选区相加，如图 2-14 所示。

（3）从选区减去：单击“从选区减去”按钮，新创建的选区若与原有选区互相交叉，

则从原有选区中减去交叉部分，如图 2-15 所示。

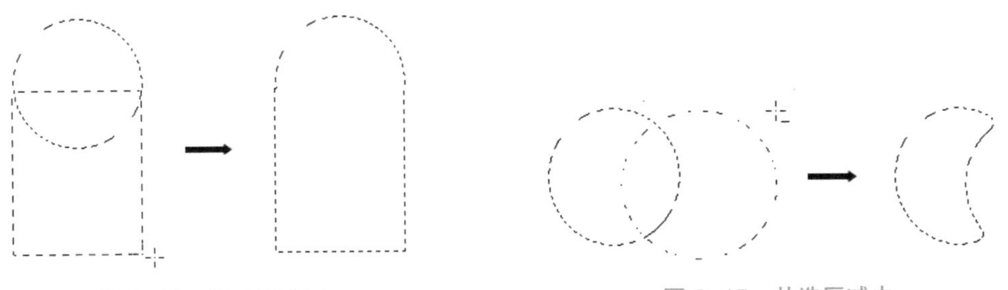

图 2-14　添加到选区　　　　图 2-15　从选区减去

（4）与选区交叉：单击“与选区交叉”按钮，新创建的选区若与图像中的原有选区互相交叉，则只保留交叉部分，如图 2-16 所示；若新创建的选区与原有选区没有交叉，则给出一个错误提示信息，如图 2-17 所示。

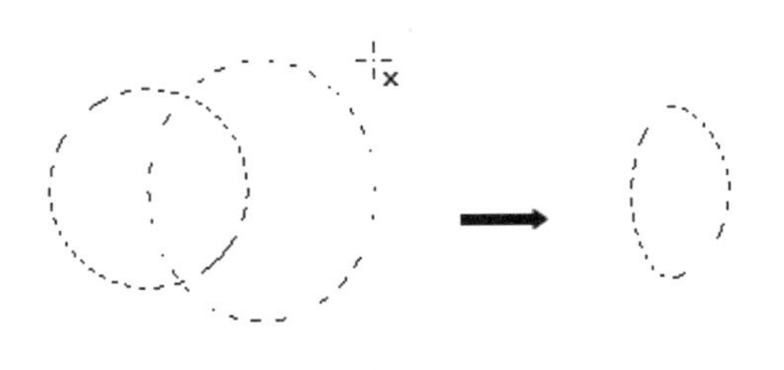

图 2-16　与选区交叉

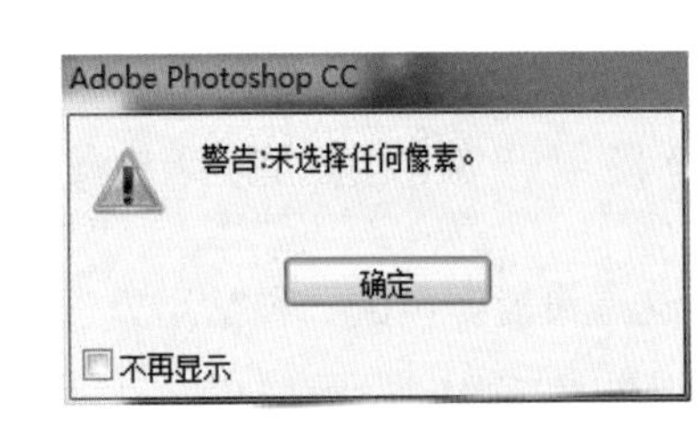

图 2-17　“未选择任何像素”提示信息

2. 羽化

羽化的作用是柔化选区的边缘，使选区的边缘产生自然的过渡效果。羽化值越大，柔化的范围就越大，选区填充颜色后的柔化效果就越明显，如图 2-18 所示。

羽化值为 0px　　羽化值为 5px　　羽化值为 10px

图 2-18　不同羽化值的羽化效果

3. 消除锯齿

由于像素呈方形，因此对于不是由单纯的水平线和垂直线构成的选区，会不可避免地在选区边缘产生锯齿，而如果选中该复选框，则可使选区的边缘尽量变得平滑、整齐。

4. 样式

样式的作用是设置创建选区的大小和比例，仅对矩形和椭圆形选区起作用。在“样式”下拉列表中有 3 个选项，默认值为“正常”，如图 2-19 所示。

图 2-19 “样式”下拉列表

（1）正常：创建任意大小、任意比例的选区。

（2）固定比例：创建任意大小但宽、高比例固定的选区。

（3）固定大小：创建大小固定的选区。

2.2 颜色的选取与设定

在 Photoshop CC 中，选取与设定颜色的操作比较灵活，常见的方法有以下 4 种。

1. 使用“拾色器”对话框设置颜色

这是设置颜色的一种常用方法，单击工具栏下方的“设置前景色”或“设置背景色”图标，如图 2-20 所示，打开“拾色器”对话框，在色盘中选择一种颜色，或直接在“拾色器”对话框下方的文本框中输入颜色代码，即可设置前景色或背景色。

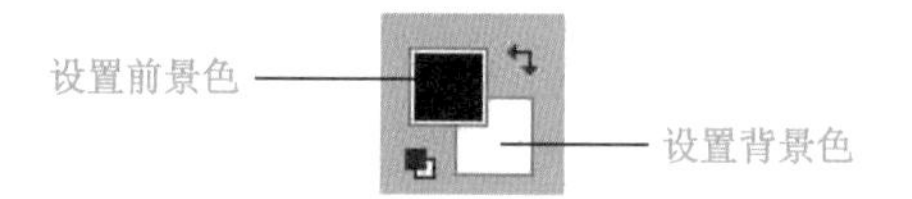

图 2-20 “设置前景色”和“设置背景色”图标

按键盘上的【D】键或单击“默认前景色/背景色”按钮，可将前景色和背景色设置为默认颜色。单击“切换前景色/背景色”按钮，或按键盘上的【X】键，可以实现前景色和背景色的切换。

2. 使用“色板”面板

选择“窗口→色板”命令，打开“色板”面板，将鼠标指针移至“色板”面板中，鼠标指针变为吸管形状，单击某个色块可将其颜色设置为前景色；若在按住【Ctrl】键的同时单击某个色块，则将其颜色设置为背景色。

3. 使用“颜色”面板

选择“窗口→颜色”命令，打开“颜色”面板，如图 2-21 所示。单击“设置前景色”或“设置背景色”图标，在面板中单击某个颜色，可将其设置为前景色或背景色。

4. 使用“吸管工具”

“吸管工具”的作用是拾取颜色。单击工具栏中的“吸管工具”，将鼠标指针移至画布中，按住鼠标左键，将打开一个色环，如图 2-22 所示。色环外圈的颜色为灰色，用来衬托内圈的颜色，内圈的上半部分显示的是当前颜色，下半部分显示的是原来的前景色，松开鼠标左键，就可以将当前颜色设置为前景色；在按住【Alt】键的同时单击画布中的某个区域，则设置为背景色。

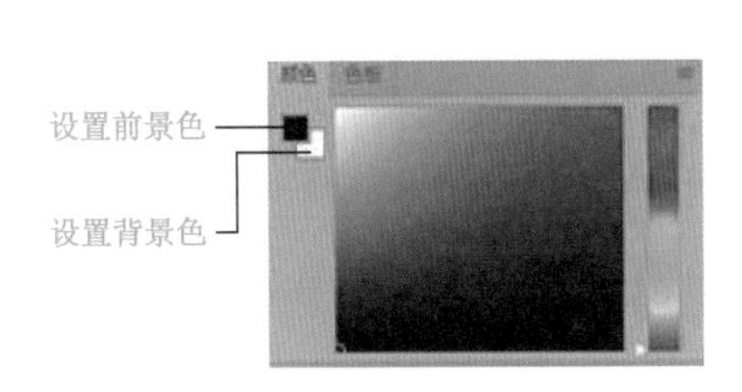

图 2-21 “颜色”面板

图 2-22 色环

2.3 填充工具组

Photoshop CC 的主要填充工具有两个：“油漆桶工具”和“渐变工具”。

1. 油漆桶工具

使用“油漆桶工具”可以为选区或当前图层中颜色相近（容差范围内）的区域填充前景色或图案。

选择“油漆桶工具”，出现其选项栏，如图 2-23 所示。进行相关参数设置后，在选区或当前图层中单击鼠标，即可为当前选区或图层中与鼠标单击点颜色相近的区域填充颜色或图案。

图 2-23 “油漆桶工具”选项栏

（1）填充区域的源：设置用前景色或图案填充。若选择“前景”，则使用前景色填充；若选择“图案”，则其右侧的“图案列表”框被激活，可以从中选择一种图案进行填充。

（2）模式：用于设置填充颜色或图案与图像原有颜色的混合方式。

（3）不透明度：设置填充颜色或图案的不透明度。该数值越大，填充的颜色或图案的透明度越低，若使用默认值 100%，则填充的颜色或图案完全不透明。

（4）容差：用于设置每次填充的范围。该数值越大，允许填充的范围就越大。

（5）消除锯齿：选中该复选框，能使填充的边缘变得平滑。

（6）连续的：选中该复选框，填充的范围是和鼠标单击点颜色相近的连续区域；若不选中该复选框，填充的范围是所有和鼠标单击点颜色相近的区域。

（7）所有图层：选中该复选框，鼠标单击点的颜色是所有图层的可见颜色；若不选中该复选框，鼠标单击点的颜色仅是当前图层的颜色。

2. 渐变工具

使用“渐变工具”可以为当前图层或选区填充两种或两种以上颜色过渡的渐变色，使图像产生颜色渐变效果。

选择“渐变工具”，出现其选项栏，如图 2-24 所示。进行相关参数设置后，在选区或当前图层中拖曳鼠标指针，即可为当前选区或图层填充渐变色。

图 2-24 “渐变工具”选项栏

（1）选择渐变样式。单击“点按可编辑渐变”按钮右侧的小箭头，打开“渐变拾色器”，可从中选择预设的渐变样式。

（2）自定义渐变样式。如果预设的渐变样式没有合适的，那就需要自定义了。单击“点按可编辑渐变”按钮，打开“渐变编辑器”窗口，如图 2-25 所示。

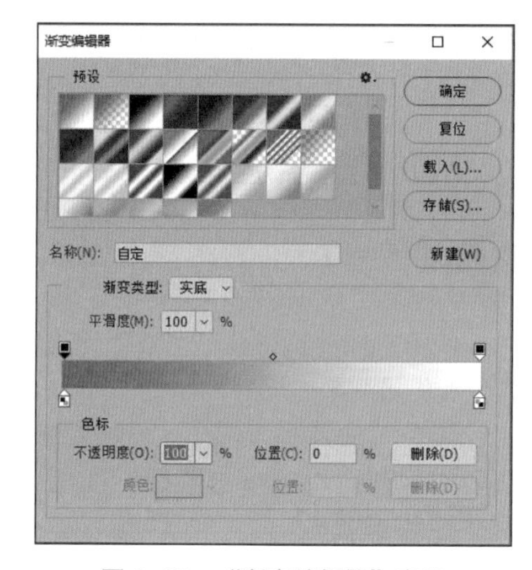

图 2-25 “渐变编辑器”窗口

① 预设：列出了 Photoshop CC 自带的渐变样式，从中选择一种样式，可直接使用也可编辑后再使用。单击该区右上角的小箭头，可在打开的列表中导入其他渐变样式。

② 渐变类型：有实底和杂色两种。

③ 渐变色条：用来编辑渐变样式。其下方的色标为颜色色标，用于设置颜色；上方的色标为不透明度色标，用于设置不透明度。色标的位置可以通过鼠标拖曳的方法调整，也可以根据需要添加，方法是在渐变色条的上方或下方单击鼠标。对于不需要的色标，可在选中后按键盘上的【Delete】键或单击“删除”按钮删掉。样式编辑完毕，单击“确定”按钮即可使用。若要保存该样式，可在“名称”文本框中输入名称，单击“新建”按钮，将其添加到渐变样式列表中。

④ 存储：单击该按钮，可以将“预设”区的渐变样式列表保存到 GRD 文件中。

⑤ 载入：单击该按钮，可以将保存在 GRD 文件中的渐变样式导入 Photoshop CC。

（3）渐变填充方式。Photoshop CC 提供了 5 种渐变填充方式，在选项栏中从左往右依次是线性渐变、径向渐变、角度渐变、对称渐变和菱形渐变。选择一种渐变填充方式后，在选区或图层中按住鼠标左键拖曳出一条直线，松开鼠标后，即可获得相应的渐变填充效果。

（4）渐变填充选项。

① 反向：选中该复选框后，渐变颜色的顺序变得与原来相反。

② 仿色：选中该复选框后，会在填充的渐变颜色中添加一些杂色，以防止打印时出现条带现象。

③ 透明区域：在填充有透明设置的渐变样式时，若选中该复选框，会呈现相应的透明效果；否则，渐变样式中的透明设置不起作用。

2.4 移动工具

“移动工具”的主要功能是改变当前图层或选区内对象的位置。选择“移动工具”后，在同一个图像文件中直接将某个对象拖曳到目标位置，可实现该对象的移动；若在按住【Alt】键的同时拖曳对象，则将该对象复制一份，生成新的图层，并移动其位置；若将某个对象拖曳到另一个图像文件中，则将该对象复制到另一个图像文件中，并实现位置的改变。

单击工具栏中的“移动工具”按钮，出现其选项栏，如图 2-26 所示。

图 2-26 “移动工具”选项栏

（1）自动选择：若该复选框没被选中，只能移动当前图层中的内容。若选中了该复选框，并在其后的列表框中选择了“图层”，则在图像中单击鼠标时，会自动选择鼠标指针落点处第一个有可见像素的图层，并对该图层中的对象进行移动；若在列表框中选择“组”，则在图像中单击鼠标时，会自动选择鼠标指针落点处第一个有可见像素的图层所在的组，并对整个组中的图层进行移动。

（2）显示变换控件：选中该复选框后，当前图层（“背景”图层除外）或选区内的对象周围会出现一个控制框，如图 2-27 所示，可以通过控制框对图像进行缩放、旋转及变形操作。

图 2-27 控制框

（3）对齐：当选择两个或两个以上的图层时，对齐按钮被激活，可对选中的图层进行顶对齐、垂直居中对齐、底对齐、左对齐、水平居中对齐、右对齐操作。

（4）分布：当选择 3 个或 3 个以上的图层时，分布按钮被激活，可对选中的图层进行按顶分布、垂直居中分布、按底分布、按左分布、水平居中分布、按右分布操作。

案例3 制作笔记本宣传单页——图像的抠取与合成

 案例描述

利用素材文件“笔记本”“海豚”“intel 标志”制作如图 2-28 所示的笔记本宣传单页。

图 2-28 笔记本宣传单页

案例解析

- 使用“多边形套索工具”“套索工具”“魔棒工具”创建选区。
- 使用“编辑→选择性粘贴→贴入”命令为显示器填充画面。
- 使用“橡皮擦工具”擦除图像中多余的部分。
- 使用“横排文字工具”和“直排文字工具”输入文字。

案例实现

（1）选择“文件→新建”命令，打开“新建文档”对话框，输入名称“笔记本宣传页”，宽度为 600 像素，高度为 800 像素，分辨率为 72 像素/英寸，颜色模式为 RGB 颜色，背景为白色，其他项默认，单击“确定”按钮，创建一个新文档。

（2）选择工具栏中的“渐变工具”，设置渐变色为蓝（#6da1f6）白渐变，渐变方式为线性渐变，在按住【Shift】键的同时向下拖曳鼠标指针，为“背景”图层填充渐变色。

（3）打开素材文件“笔记本”，选择工具栏中的“多边形套索工具”，沿笔记本的边缘绘制选区。在绘制过程中遇到拐角时，单击鼠标，形成一个关键点，若发现某个关键点不理想，可按键盘上的【Delete】键删除，回到起点后，光标下出现一个圆圈，单击鼠标，形成一个闭合选区，选中笔记本，如图 2-29 所示。

（4）按【Ctrl+C】组合键复制选区内容，激活“笔记本宣传页”文件，按【Ctrl+V】

组合键粘贴。选择工具栏中的“移动工具”，将笔记本移至合适位置，按【Ctrl+T】组合键，笔记本四周出现8个控制点，在按住【Shift】键的同时拖曳角上的控制点，按比例将笔记本调整至合适大小，如图2-30所示。

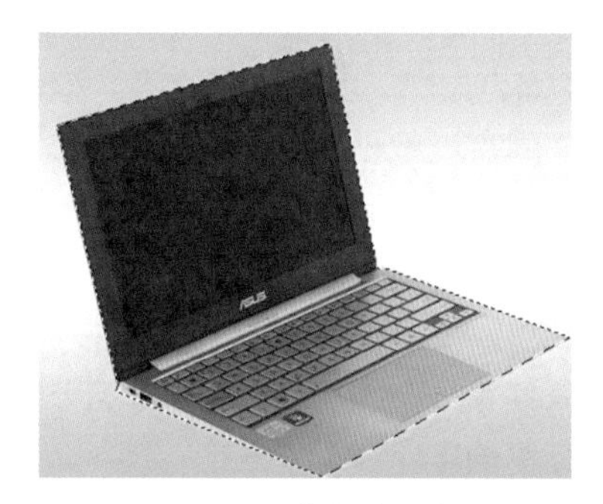

图2-29 选中笔记本

图2-30 调整笔记本的位置和大小

（5）打开“海豚”文件，选择工具栏中的“矩形选框工具”，在图形的左下角绘制一个只包含海水的矩形选区，按【Ctrl+C】组合键复制选区内容。激活“笔记本宣传页”文件，选择“多边形套索工具”，沿显示屏外边缘绘制一个选区，选中显示屏，如图2-31所示。选择“编辑→选择性粘贴→贴入”命令，为显示器填充海水画面，效果如图2-32所示。

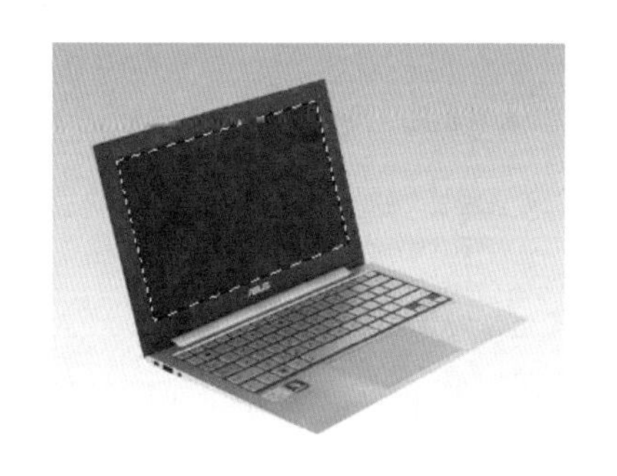

图2-31 选中显示屏

图2-32 显示器填充效果

（6）激活“海豚”文件，选择“套索工具”，在图形中绘制包含海豚的选区，如图2-33所示，按【Ctrl+C】组合键复制选区内容。

（7）激活“笔记本宣传页”文件，按【Ctrl+V】组合键粘贴。按【Ctrl+T】组合键，将海豚调整至合适大小；选择工具栏中的“移动工具”，将海豚移至合适位置，如图2-34所示。选择“橡皮擦工具”，设置画笔为适当大小，硬度为0%，将图像中多余的像素擦除，效果如图2-35所示。

图2-33 选中海豚

图2-34 调整海豚的大小和位置

（8）选择工具栏中的“横排文字工具”，在其选项栏中设置字体为黑体，大小为 30 点，颜色为白色，在画布的左上角输入文字“极速笔记本”。选中文字，单击选项栏中的“创建文字变形”按钮，在弹出的“创建文字变形”对话框中将文字样式设置为“旗帜”。单击选项栏中的“提交所有当前编辑”按钮或按【Ctrl+Enter】组合键。

（9）选择工具栏中的“直排文字工具”，设置字体为黑体，大小为 14 点，颜色为白色，在海豚的右侧拖曳出一个矩形文本框，输入文字“屏幕 15.6 寸全高清屏幕”“CPU 酷睿 I7-4720HQ”“内存 8GB”“系统预装 Windows 8.11 中文版”。

（10）选择工具栏中的“横排文字工具”，设置字体为黑体，大小为 24 点，颜色为黑色，在笔记本的下方输入文字“双擎新核　金属机身”，文字大小为 18 点。在画布的下方拖曳出一个矩形文本框，输入文字“金属 A 面，轻薄便携”“180 度开合转轴，大满贯接口”“新八代酷睿处理器”“英伟达独显，绚丽亮屏”，效果如图 2-36 所示。

图 2-35　海豚跃出效果

图 2-36　输入文字后的效果

（11）打开“intel 标志”文件，选择工具栏中的“魔棒工具”，去掉其选项栏中“连续”前面的对号，在白色区域单击鼠标，选中所有白色区域，按【Shift+Ctrl+I】组合键反选，选中 intel 标志，按【Ctrl+C】组合键复制选区内容。

（12）激活“笔记本宣传页”文件，按【Ctrl+V】组合键粘贴。选择“移动工具”，将 intel 标志移至画布的右下角，按【Ctrl+T】组合键，调整大小。

（13）单击“图层”面板中的“创建新图层”按钮，新建一个图层。选择工具栏中的“画笔工具”，单击其选项栏中的“切换画笔面板”按钮，打开“画笔”面板，选择“画笔笔尖形状”类别，设置画笔大小为 4 像素，硬度为 100%，间距为 300%。单击工具栏中的“设置前景色”按钮，设置前景色为黑色，依次将鼠标指针移至画布的右上角和左下角，绘制直线，如图 2-28 所示。

（14）选择“文件→存储为”命令，在合适位置保存文件。

2.5 套索工具组

套索工具组包括“套索工具”“多边形套索工具”和“磁性套索工具”，在工具栏中打开后如图 2-37 所示，其主要作用是创建不规则形状的选区。

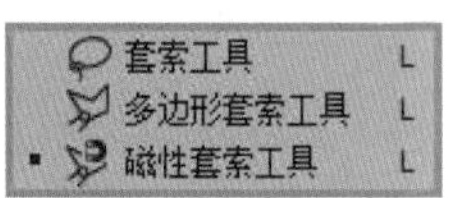

图 2-37　套索工具组

1. 套索工具

“套索工具”主要用于创建对边缘要求不是很精准的任意形状的选区。选择该工具后，将鼠标指针移至要创建选区的起始位置，按住鼠标左键，沿着目标对象的边缘拖曳，当回到起点时，松开鼠标左键，即创建一个任意不规则形状的选区。

2. 多边形套索工具

“多边形套索工具”适合创建由若干段直线构成的选区。选择该工具后，将鼠标指针移至要创建选区的起始位置，单击鼠标，创建第一个关键点，然后沿着目标对象的边缘拖曳出一条直线，到需要改变方向的位置再次单击鼠标，形成第二个关键点。如此往复，直到回到起点时，鼠标指针右下角出现一个小圆圈，单击鼠标，即创建一个闭合的多边形选区。在创建过程中按【Delete】键或【Backspace】键可删除最近创建的关键点。

3. 磁性套索工具

“磁性套索工具”适合制作边缘比较清晰，且与背景颜色相差较大的图像的选区。选择该工具后，会出现如图 2-38 所示的选项栏。进行相关参数设置后，在要选取图像的起始点单击鼠标，然后沿图像边缘拖曳，Photoshop CC 会自动将选区吸附到图像边缘，直到回到起点时，鼠标指针右下角出现一个小圆圈，单击鼠标，即形成一个封闭的选区。

图 2-38　“磁性套索工具”选项栏

（1）宽度：取值范围为 1～256 像素，用于设置“磁性套索工具”自动探测图像边界的宽度范围。该数值越大，探测的图像边界范围就越广。

（2）对比度：取值范围为 1%～100%，用于设置“磁性套索工具”探测图像边界的敏感度。如果要选取的图像与周围图像的颜色对比度较强，就可以设置一个较高的值；反之，就要输入一个较低的值。

（3）频率：取值范围为 0～100，用于设置创建选区时自动插入关键点的速率。该数值越大，速率越快，关键点就越多，如图 2-39 所示。当要选取的图像的边缘较复杂时，需要设置较大的频率值。

频率为 32

频率为 80

图 2-39　不同频率的选区

2.6 魔棒工具组

魔棒工具组是 Photoshop CC 提供的一组快速创建选区的工具，包括“魔棒工具”和“快速选择工具”，在工具栏中打开后如图 2-40 所示。

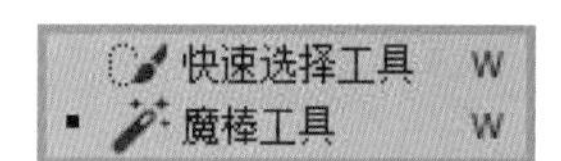

图 2-40　魔棒工具组

1. 魔棒工具

对于一些颜色比较单一的图像，通过“魔棒工具”可以快速地将图像选出。选择“魔棒工具”后，鼠标指针变成形状，在图像中单击鼠标，与鼠标单击点处颜色在容差范围内的区域将被选中。“魔棒工具”选项栏如图 2-41 所示。

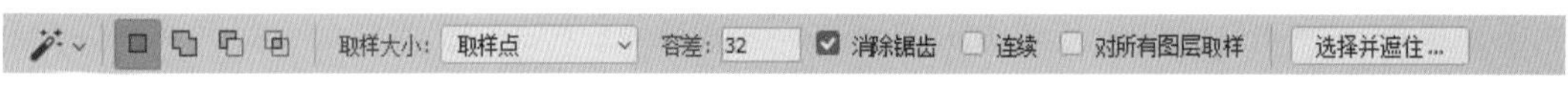

图 2-41　“魔棒工具”选项栏

（1）容差：用于设置取样时的颜色范围，取值范围为 0～255。该数值越大，选取的颜色范围越广，生成的选区就越大。

（2）连续：若选中该复选框，选取的是颜色相近的连续区域；若不选中该复选框，则选取的是图像中所有颜色相近的区域。

（3）对所有图层取样：若选中该复选框，选取的是所有图层可见颜色相近的区域，若不选中该复选框，选取的是当前图层中颜色相近的区域。如图 2-42 所示，图中的两朵荷花分属两个不同的图层，当前图层为较大荷花所在的图层，若选中了“对所有图层取样”复选框，用“魔棒工具”单击花瓣后，两朵荷花均被选取；否则，只选取当前图层中的荷花。

选中

不选中

图 2-42　是否选中“对所有图层取样”复选框的选区

2. 快速选择工具

“快速选择工具”是一种基于色彩，使用画笔智能查找图像边缘的快速选取工具。选择该工具后，出现如图 2-43 所示的选项栏，进行相关参数设置后，按住鼠标左键在图像中拖曳即可将鼠标指针经过的区域创建为选区。

对所有图层取样　自动增强　选择并遮住...

图 2-43　“快速选择工具”选项栏

（1）创建方式：“快速选择工具”有 3 种选区创建方式，即新选区、添加到选区和从选区减去。默认方式是“新选区”，当开始选取后自动转换为“添加到选区”方式。在绘制选区过程中，也可以在按住【Shift】键的同时拖曳鼠标增大选区，在按住【Alt】键的同时拖曳鼠标减小选区。

（2）自动增强：选中该复选框后，能减小选区边缘的粗糙度和块效应。

2.7 选区的基本操作

创建选区后，可以利用菜单命令或快捷键对选区进行大小、位置、形状及边缘特性的调整。对选区进行操作的命令主要集中在“选择”菜单中。

（1）取消选择：取消对当前选区的选择，快捷键为【Ctrl+D】。

（2）反选：选中当前选区以外的所有像素，快捷键为【Shift+Ctrl+I】。

（3）修改：选择“选择→修改”命令，将打开“修改”子菜单，可对选区进行扩展、收缩、羽化等修改。

① 边界：创建有一定羽化效果的边框选区。

② 平滑：减少选区边缘的锯齿，使选区更光滑。

③ 扩展/收缩：扩大或缩小选区。

④ 羽化：柔化选区的边缘，使之产生渐变过渡效果。

（4）变换选区：选择该命令后，选区周围会出现一个包含 8 个控制点的控制框，通过控制框可对选区进行缩放、旋转及变形操作。

（5）存储选区：将当前选区存储在“通道”中。

（6）载入选区：将存储在“通道”中的选区载入使用。

2.8 文字工具组

文字工具组的主要功能是向图像中添加文字和创建文字选区，包括“横排文字工具”“直排文字工具”“直排文字蒙版工具”和“横排文字蒙版工具”，在工具栏中打开后如图 2-44 所示。

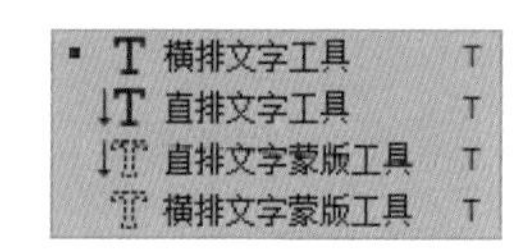

图 2-44　文字工具组

1. 输入文字

在 Photoshop CC 中，可以为图像输入横排文字和直排文字，下面就以输入横排文字为例说明输入文字的方法。

在工具栏中选择“横排文字工具”，出现“横排文字工具”选项栏，如图 2-45 所示，设置好文字的字体、大小、颜色等，将光标移至要添加文字的位置，单击鼠标，即出现一个插入点，并自动添加一个文字图层，这时就可以输入文字了。输入完毕，单击选项栏中的“提交所有当前编辑”按钮✓或按【Ctrl+Enter】组合键完成文字输入。

图 2-45　“横排文字工具”选项栏

若要输入的横排文字较多，可以在选择“横排文字工具”后先按住鼠标左键拖曳出一个矩形文本框，然后在该文本框中输入文字内容，文字靠近右边框时会自动换行，也可在输入过程中按【Enter】键强制换行。

输入直排文字的方法和横排文字相同，只是文字的排列方向是从上往下。

2. 编辑文字

对于输入的文字，还可以对其进行编辑。首先使文字所在的图层成为当前图层，然后选择文字工具。单击要编辑的文字，进入文字编辑状态，将光标移至要修改的位置，进行文字内容的修改。

若要重新定义文字格式，可先选中文字，然后通过选项栏定义文字的字体、大小、颜色等。单击选项栏中的“创建文字变形”按钮，可打开“变形文字”对话框，如图 2-46 所示，选择变形样式。如要进行更多定义，可单击选项栏中的“切换字符和段落面板”按钮，打开如图 2-47 所示的“字符/段落”面板，对文字和段落格式进行定义。

3. 创建文字选区

选择“横排文字蒙版工具”或“直排文字蒙版工具”，可在画布中创建文字选区，

如图 2-48 所示。对于文字选区，可以填充渐变色，使文字产生颜色渐变效果，如图 2-49 所示，也可以制作其他特殊效果。

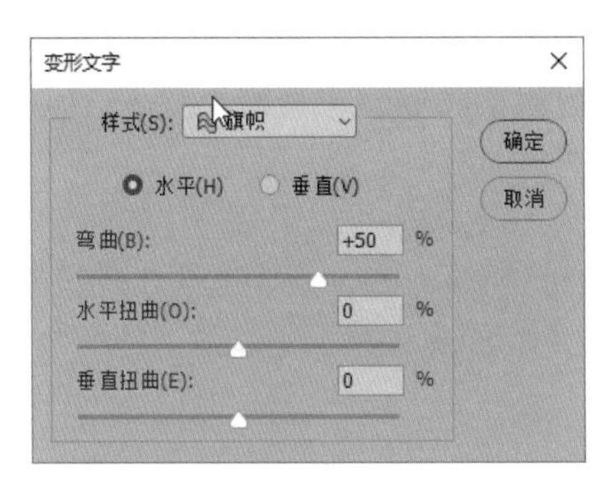

图 2-46 “变形文字”对话框

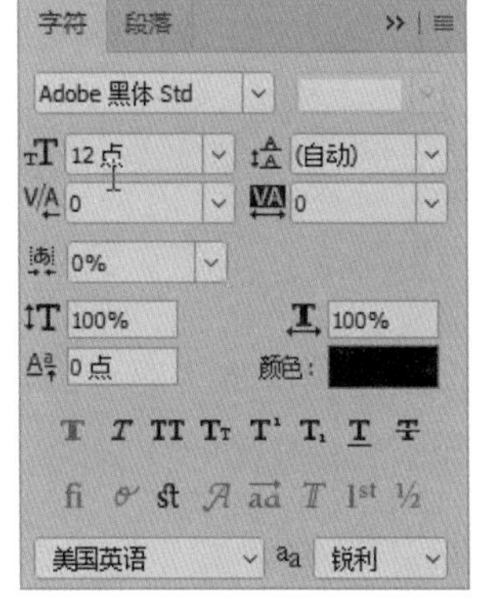

图 2-47 “字符/段落”面板

图 2-48 文字选区

图 2-49 填充渐变色的文字

2.9 橡皮擦工具组

橡皮擦工具组包括“橡皮擦工具”“背景橡皮擦工具”和“魔术橡皮擦工具”，在工具栏中打开后如图 2-50 所示，其功能主要是擦除图像中不需要的像素。

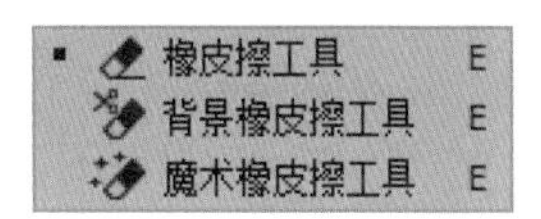

图 2-50 橡皮擦工具组

1. 橡皮擦工具

选择“橡皮擦工具”，出现“橡皮擦工具”选项栏，如图 2-51 所示。进行相关参数设置后，按住鼠标左键在图像中拖曳，可擦除当前图层或选区中不需要的像素。

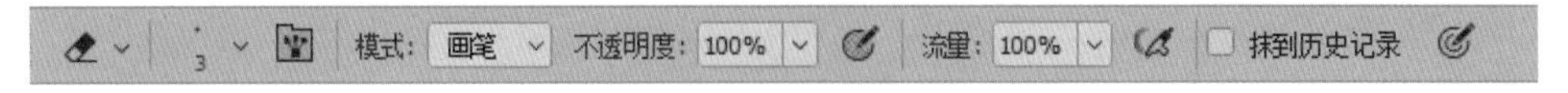

图 2-51 “橡皮擦工具”选项栏

在普通图层中擦除，擦除位置显示为透明效果；在背景图层中擦除，擦除位置显示背景色。

若图层中有选区，只能擦除选区内的图像；若图层中无选区，可擦除当前图层任何位置的图像。

（1）模式：有3个选项，即“画笔”“铅笔”和“块”。当选择“画笔”或“铅笔”时，“橡皮擦工具”就会像“画笔工具”和“铅笔工具”一样工作；当选择“块”时，“橡皮擦工具”变为具有硬边缘和固定大小的方形，并且选项栏中的“不透明度”和“流量”选项不能设置。

（2）不透明度：取值范围为1%～100%。当设定值为100%时，橡皮擦完全擦除像素，擦除效果最好；设定值小于100%时，部分擦除像素，擦除位置呈半透明状态。该值越小，擦除的像素就越少，擦除效果就越不明显。

（3）流量：取值范围为1%～100%。流量值越大，一次擦除得越干净。

（4）抹到历史记录：只有当设定了“历史记录画笔的源”时，该复选框才能被激活。选中该复选框后，在擦除图像时，可将擦除位置恢复到“历史记录画笔的源”的图像状态。

2. 背景橡皮擦工具

“背景橡皮擦工具”能实现图像的智能擦除。选择该工具后，会出现如图2-52所示的选项栏。“背景橡皮擦工具”可完全擦除像素，擦除位置变为透明状态。若在背景图层擦除像素，背景图层将自动转换为普通图层。

13　限制：连续　容差：50%　保护前景色

图2-52　“背景橡皮擦工具”选项栏

（1）取样模式。

① 连续取样：“背景橡皮擦工具”的默认模式。在该模式下，当按住鼠标左键拖曳时，取样点会不断改变，鼠标中心点接触到的颜色都被擦除。

② 一次取样：若选择该模式，当按住鼠标左键拖曳时，只取样一次，只擦除鼠标中心点第一次接触的颜色，其他颜色保留。

③ 背景色板取样：在该模式下，“背景橡皮擦工具”只能擦除在背景色容差范围内的颜色。

（2）限制。

① 连续：选择该选项，只擦除鼠标经过的在取样点颜色容差范围内且与取样点连续的区域。

② 不连续：选择该选项，擦除鼠标经过的所有在取样点颜色容差范围内的区域。

③ 查找边缘：选择该选项，擦除在取样点颜色容差范围内的颜色，保留形状边缘的锐化程度。

（3）保护前景色。若选中该复选框，与前景色相同的区域不被擦除。

3. 魔术橡皮擦工具

“魔术橡皮擦工具”的使用方法与“魔棒工具”类似，但功能不同，“魔棒工具”用来选取图像中颜色近似的色块，而“魔术橡皮擦工具”则用来擦除在取样点颜色容差范围内的色块。选择“魔术橡皮擦工具”后，在图像的某个位置单击鼠标对颜色取样，在取样点颜色容差范围内的区域均被擦除。

2.10 画笔工具组

画笔工具组包括“画笔工具”“铅笔工具”“颜色替换工具”和“混合器画笔工具”，在工具栏中打开后如图 2-53 所示。

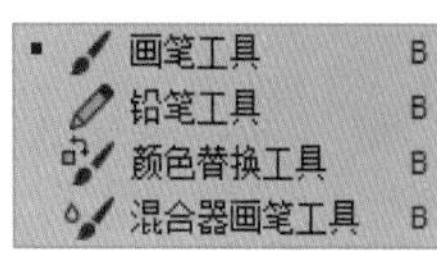

图 2-53　画笔工具组

1. 画笔工具

“画笔工具”的功能是使用前景色绘画。选择“画笔工具”后，出现如图 2-54 所示的选项栏。进行参数设置后，在画布中单击或拖曳鼠标指针，即可绘制相应的图案或线条。若要绘制直线，需要先按下【Shift】键，然后拖曳鼠标。

图 2-54　“画笔工具”选项栏

（1）画笔预设：单击选项栏中的按钮，可打开“画笔预设”选取器，如图 2-55 所示。

① 大小：可通过拖曳“大小”下方的滑块或直接输入数据改变画笔笔尖的大小，数值越大，绘制的线条就越粗。

② 硬度：取值范围为 0%～100%，数值越小，绘制的线条的边缘就越柔软。

③ 预设画笔列表：可以从中选择预设的画笔。

（2）切换画笔面板：单击选项栏中的“切换画笔面板”按钮，或选择“窗口→画笔”命令，打开如图 2-56 所示的“画笔”面板，可对画笔做进一步的设置。

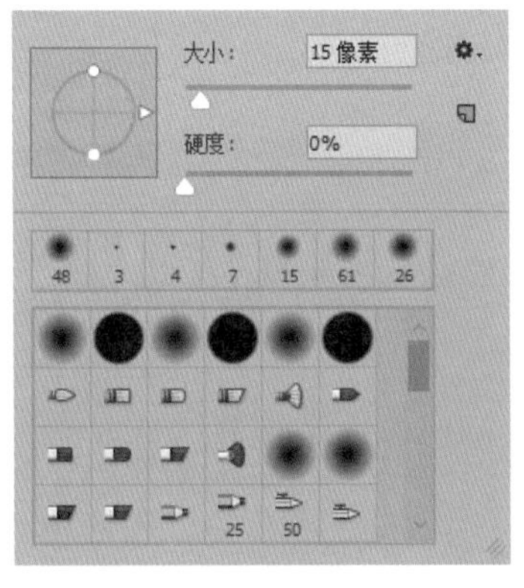

图 2-55　“画笔预设”选取器

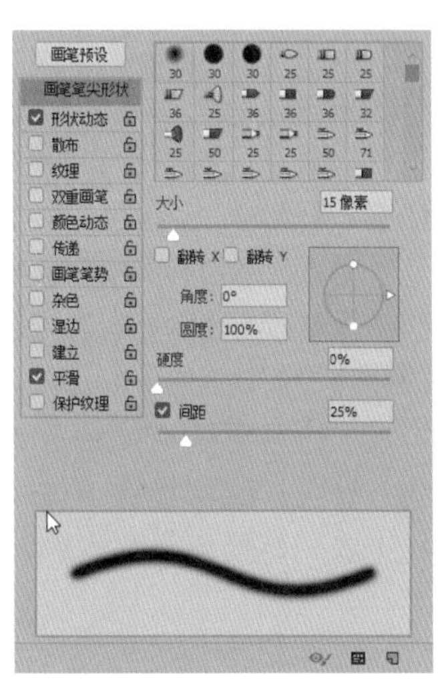

图 2-56　“画笔”面板

（3）模式：设置绘制的线条或图案与原有图像的混合模式。

（4）不透明度：取值范围为 1%～100%，数值越大，绘制的线条或图案就越不透明，当设置值为 100%时，绘制的线条或图案完全不透明。

（5）流量：取值范围为 1%～100%，数值越大，绘制的线条或图案的颜色就越浓。

（6）启用喷枪样式的建立效果：使选项栏中的按钮处于按下状态，则绘制时鼠标停留的时间越长，绘制的区域越大，颜色越深。

2. 铅笔工具

“铅笔工具”的使用方法与“画笔工具”基本相同，不同的是使用“铅笔工具”绘制的线条的边缘比较僵硬，并且有很多锯齿，而使用“画笔工具”绘制的线条非常平滑。选择工具栏中的“铅笔工具”后，会出现如图 2-57 所示的选项栏。

图 2-57　“铅笔工具”选项栏

自动抹除：若选中该复选框，当取样点的颜色与前景色一致时，则抹除前景色，用背景色绘制线条或图案；若取样点的颜色与前景色不同，则使用前景色绘画。

3. 颜色替换工具

“颜色替换工具”的作用是用前景色替换图像中指定的像素。该工具只能在 RGB 颜色模式、CMYK 颜色模式或 Lab 颜色模式的图像中使用。选择“颜色替换工具”，出现如图 2-58 所示的选项栏，根据需要进行参数设置后，按住鼠标左键在图像中拖曳，就会用前景色替换鼠标拖曳经过区域的颜色。

图 2-58　“颜色替换工具”选项栏

（1）模式。

① 色相：只替换色相，保留原图像的饱和度和明度。

② 饱和度：只替换饱和度，保留原图像的色相和明度。

③ 颜色：替换图像的色相和饱和度。

④ 明度：只替换图像的明度，图像的色相和饱和度不变。

（2）限制。

① 不连续：替换出现在鼠标指针下任何位置的样本颜色。

② 连续：替换与鼠标指针下连续的颜色相近的区域。

③ 查找边缘：替换包含样本颜色的相连区域，同时更好地保留形状边缘的锐化程度。

4. 混合器画笔工具

“混合器画笔工具”的功能是将选择的颜色与画布中的颜色相混合，产生涂抹效果。

选择“混合器画笔工具”，出现如图 2-59 所示的选项栏，选择要混合的颜色，在画布中按住鼠标左键涂抹，即产生颜色混合效果。

图 2-59　“混合器画笔工具”选项栏

（1）当前画笔载入：可重新载入或者清除画笔，以及设置与画布进行混合的颜色。

（2）每次描边后载入画笔：若按钮处于按下状态，则每次涂抹完成松开鼠标后，系统会自动载入画笔。

（3）每次描边后清理画笔：若按钮处于按下状态，则每次涂抹完成松开鼠标后，系统会自动清理之前的画笔。

（4）有用的混合画笔组合：用来设置不同的混合画笔，可从其下拉列表中选择一种预设的混合效果，也可利用其后的“潮湿”“载入”“混合”等选项自定义混合效果。

案例 4　修复照片——修复工具的应用

案例描述

对如图 2-60 所示的风景照片进行修复，修复后的效果如图 2-61 所示。

图 2-60　风景照片

图 2-61　修复后的风景照片

案例解析

- 使用“裁剪工具”裁剪图像。
- 使用“污点修复画笔工具”清除树枝和纸袋。
- 使用“修补工具”清除石块。
- 使用“修复画笔工具”清除小木棍。

案例实现

（1）选择“文件→打开”命令，弹出“打开”对话框，选择“fengjing”文件，单击“打开”按钮。

（2）选择工具栏中的“裁剪工具”，图像周边出现 8 个控制点，将控制点依次向内拖曳到合适位置，如图 2-62 所示，按【Enter】键，实现图像的裁剪。

（3）按【Ctrl+J】组合键，复制“背景”图层，使复制的图层为当前图层，所有的修改都在复制的图层上进行。

（4）选择工具栏中的“污点修复画笔工具”，设置画笔略大于树枝横截面，在“污点修复画笔工具”选项栏中将“类型”设置为“内容识别”，移动鼠标指针，使其指向图中的树枝，按住鼠标左键，在树枝上拖曳，如图 2-63 所示，清除图中的树枝。

图 2-62 裁剪图像

图 2-63 用“污点修复画笔工具”清除树枝

（5）选择工具栏中的“修复画笔工具”，将鼠标指针移至纸袋左侧的石板缝隙位置，如图 2-64 所示。在按住【Alt】键的同时单击鼠标进行取样，将鼠标指针移至纸袋左下方位置，使取样点的缝隙和纸袋左下方的缝隙对齐，如图 2-65 所示。按住鼠标左键在纸袋上拖曳，消除纸袋，并在纸袋左侧创建石板缝隙。

图 2-64 “修复画笔工具”取样点

图 2-65 纸袋左下方

（6）选择工具栏中的“污点修复画笔工具”，设置画笔略大于图像最左下方的石块，在选项栏中将“类型”设置为“内容识别”，移动鼠标指针，使其指向图中最左下方的石块，单击鼠标消除石块。

（7）选择工具栏中的“修补工具”，在其选项栏中选择“源”单选项，按住鼠标左键，沿最上方石块的外边缘创建一个选区，如图 2-66 所示。将鼠标指针指向选区内部，按住鼠标左键向左拖曳选区，如图 2-67 所示，注意对齐石板间的缝隙，释放鼠标左键，石块被清除，按【Ctrl+D】组合键取消选区。用同样的方法清除另一个石块。

（8）选择工具栏中的“修复画笔工具”，在按住【Alt】键的同时，在小木棍下方的石板缝隙上单击取样点，将鼠标指针移至小木棍中间位置，注意石板间的缝隙对齐，按住鼠标左键进行拖曳，清除小木棍，如果一次清除不干净，可以多次取样进行清除，

最终效果如图 2-61 所示。

图 2-66　沿石块外边缘创建选区

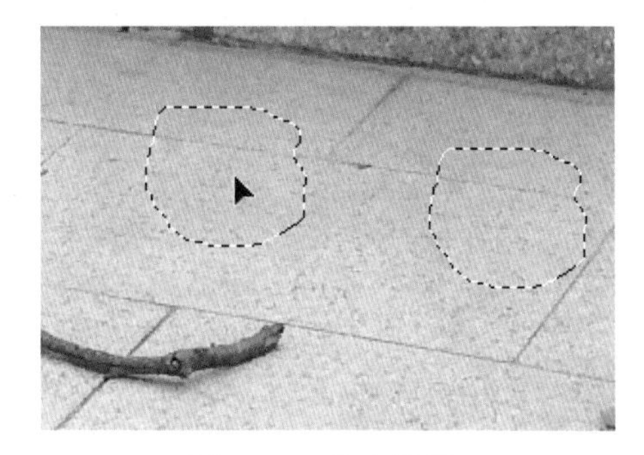

图 2-67　拖曳选区

（9）选择“图层→合并图层”命令，合并所有图层。

（10）选择“文件→存储”命令，保存文件。

2.11 裁剪工具组

裁剪工具组包括“裁剪工具”“透视裁剪工具”“切片工具”和“切片选择工具”，在工具栏中打开后如图 2-68 所示，其主要作用是实现图像的裁剪和切片。

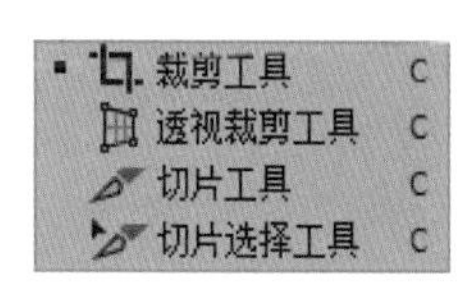

图 2-68　裁剪工具组

1. 裁剪工具

“裁剪工具”的主要作用是删除图像中不需要的部分。选择该工具后，图像四周会出现一个包含 8 个控制点的裁剪框，在图像上单击鼠标，出现三等分网格线（默认设置），通过拖曳边框或控制点可以设置裁剪范围，按键盘上的【Enter】键或在裁剪框内双击鼠标，可以实现对图像的裁剪。“裁剪工具”选项栏如图 2-69 所示。

比例　清除　拉直　删除裁剪的像素　内容识别

图 2-69　“裁剪工具”选项栏

（1）选择预设长宽比或裁剪尺寸：可以选择预定义的裁剪比例，也可以自定义裁剪后的图像大小和分辨率。

（2）清除：单击该按钮，可清除已经设置的裁剪比例或尺寸，裁剪区域可按任意比例调整大小。

（3）拉直：允许用户为图像重新定义水平线，将倾斜的图像变为水平的图像。如图 2-70 所示，由于拍摄角度的原因，房子倾斜了，通过拉直操作可以将房子“扶正”。

（4）设置“裁剪工具”的叠加选项：单击按钮，可以设置裁剪框的视图形式，包括“三等分”“网格”“对角”“三角形”“黄金比例”和“金色螺线”，默认为“三等分”。

图 2-70　通过拉直操作将房子“扶正”

（5）设置其他裁剪选项：用来设置裁剪的显示区域、裁剪屏蔽的颜色、不透明度等。

（6）删除裁剪的像素：选中该复选框后，裁剪操作会将多余的部分删除；若不选中该复选框，裁剪操作只是将多余的部分隐藏，仍可显示裁剪前的状态，可以重新进行裁剪，从而实现无损裁剪。

2. 透视裁剪工具

“裁剪工具”只能以矩形或正方形对图像进行裁剪，而“透视裁剪工具”允许使用任意四边形裁剪图像。选择工具栏中的“透视裁剪工具”，在图像中分别单击 4 个点，即可定义一个任意样式的四边形的裁剪框，按【Enter】键，裁剪框以外的部分被裁剪掉，并且原来任意样式的四边形区域变为矩形区域。如图 2-71 所示，由于拍摄的原因，左图中的楼房发生了变形，使用“透视裁剪工具”裁剪后，楼房图像变为矩形，外观已调正。

图 2-71　使用“透视裁剪工具”将楼房调正

3. 切片工具

“切片工具”的作用是分割图像，即把一个图像划分成若干小图像（切片）。制作网页时，往往先使用 Photoshop 设计出网页的效果图，如果将整张效果图上传到网站，用户访问时速度会很慢，一般做法是使用“切片工具”对效果图进行切片，然后输出为网页格式，各个切片以表格的形式进行定位和保存，这样会大大提高网页的下载速度，生成的网页也可在网页制作软件中打开并进一步进行编辑。

4. 切片选择工具

利用“切片选择工具”可以实现切片的堆叠顺序调整、对齐、分布、切片选项设置等操作。

2.12 修复工具组

修复工具组包括“污点修复画笔工具”“修复画笔工具”“修补工具”“内容感知移动工具”和“红眼工具”，在工具栏中打开后如图 2-72 所示，主要功能是对图像进行修复。

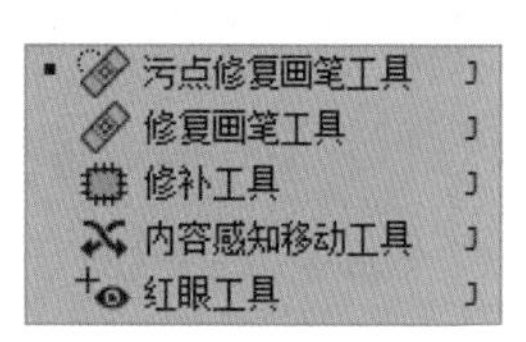

图 2-72　修复工具组

1. 污点修复画笔工具

选择工具栏中的“污点修复画笔工具”，出现如图 2-73 所示的选项栏，可以采用鼠标单击或拖曳的方式修复图像中的瑕疵。

图 2-73　“污点修复画笔工具”选项栏

（1）模式：用来设置修复图像时的混合模式，默认为“正常”。

（2）类型。

① 近似匹配：利用选区边缘周围的像素来取样，对选区内的图像进行修复。

② 创建纹理：利用选区内的像素创建一个用于修复该区域的纹理。

③ 内容识别：该选项具有智能修复功能，就是根据周围的像素智能计算出污点处的颜色等信息。

（3）对所有图层取样：若选中该复选框，从所有可见图层中取样；若不选中该复选框，则从当前图层中取样。

2. 修复画笔工具

“修复画笔工具”允许使用初始取样点确定的图像或预定义的图案来对图像进行修复。选择“修复画笔工具”后，首先需要按住【Alt】键在图像中单击鼠标取样，然后可以将鼠标指针移至要修复的位置，通过单击或拖曳鼠标的方式进行修复；若使用图案修复，就要先设置好要使用的图案，然后进行修复。无论是取样修复还是图案修复，都会在修复的同时将样本像素或填充图案的纹理、光照、透明度和阴影与源像素进行匹配，从而使修复后的像素不留痕迹地融入图像的其余部分。“修复画笔工具”选项栏如图 2-74 所示。

图 2-74　“修复画笔工具”选项栏

（1）源：若选择“取样”，则用初始取样点确定的图像来修复有缺陷区域；若选择“图案”，则用预定义的图案来修复图像。

（2）对齐：若选中该复选框，会对像素连续取样，而不会丢失当前的取样点，即使松开鼠标时也是如此；若不选中该复选框，则会在每次停止并重新开始修复时使用初始取样点的样本像素。

（3）样本：用于定义取样点的图层，有“当前图层”“当前和下方图层”“所有图层”3个选项。

3. 修补工具

“修补工具”是通过创建选区的方式来修复图像的。和“修复画笔工具”类似，修复后将样本像素的纹理、光照和阴影与源像素进行匹配，实现很好的融合。选择“修补工具”后，出现其选项栏，如图 2-75 所示。

图 2-75 “修补工具”选项栏

（1）修补：有“正常”和“内容识别”两个选项，一般使用“正常”方式。

（2）源：若选中该选项，则创建的选区为要修复的区域，将选区移至另一个位置，用该位置的图像修复最先创建的选区。

（3）目标：若选中该选项，则用创建的选区修复其他位置的图像。

（4）透明：用来控制修复后的图像是边缘融合还是整幅图像纹理融合。若未选中“透明”复选框，图像修复后只是边缘融合；若选中了“透明”复选框，修复后的整个图像都进行融合。

（5）使用图案：当创建选区后该按钮被激活。单击该按钮，则用设置的图案对选区进行修复。

4. 内容感知移动工具

“内容感知移动工具”的功能有两个，一个是移动图像中选定的部分，Photoshop 会智能修复移动后的空隙，另一个是复制图像中选定的部分。无论是移动到新位置的图像还是复制的图像，边缘都会自动柔化，与周围环境融合。具体操作方法是，选择工具栏中的“内容感知移动工具”，出现其选项栏，如图 2-76 所示。进行参数设置后，按住鼠标左键沿要移动或复制的部分绘制选区，然后将选区移至一个新位置，就可以实现选区的移动或复制。

图 2-76 “内容感知移动工具”选项栏

（1）模式：有“移动”和“扩展”两个选项，默认为“移动”。若选择“扩展”，则可以实现图像的复制。

（2）结构：用来指定移动或复制后的图像与原图像的近似程度，取值范围为 1~7，数值越大，近似程度越高。

（3）颜色：用来设置移动或复制后的图像与覆盖部分颜色的混合程度，取值范围为 0~10，数值越大，颜色混合程度越高。

5. 红眼工具

在使用数码相机拍摄时，闪光灯的强光可能会导致拍出来的人物出现眼睛发红的情况，“红眼工具”就用来解决这个情况。选择“红眼工具”后，出现如图 2-77 所示的选项栏。

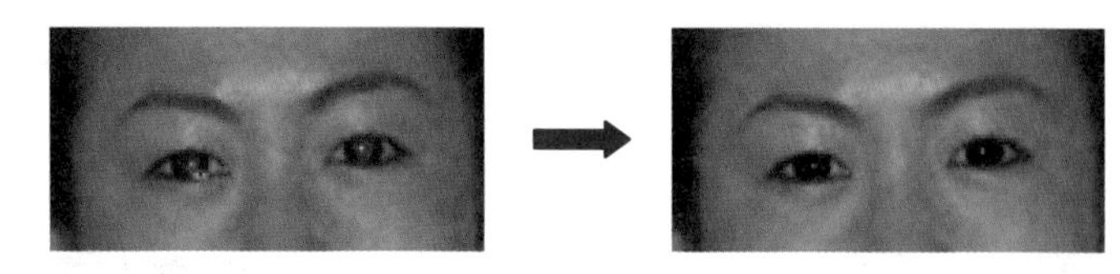

图 2-77 “红眼工具”选项栏

（1）瞳孔大小：增大或减小瞳孔受“红眼工具”作用的区域。

（2）变暗量：设置瞳孔校正的暗度。

设置瞳孔大小和变暗量，在眼睛上单击鼠标，就可以快速消除照片中的红眼现象，如图 2-78 所示。

图 2-78 用“红眼工具”消除红眼

2.13 图章工具组

图章工具组包含“仿制图章工具”和“图案图章工具”，在工具栏中打开后如图 2-79 所示，分别用来复制取样图像和预先定义好的图案。

图 2-79 图章工具组

1. 仿制图章工具

“仿制图章工具”用来复制取样图像，其使用方法类似于“修复画笔工具”。选择“仿制图章工具”后，首先要按住【Alt】键在图像中单击鼠标取样，然后在图像中拖曳，就会实现图像的复制。与“修复画笔工具”不同的是，复制后的图像不会与周围像素融合。

如图 2-80 所示，使用“仿制图章工具”清除图中的黑包。

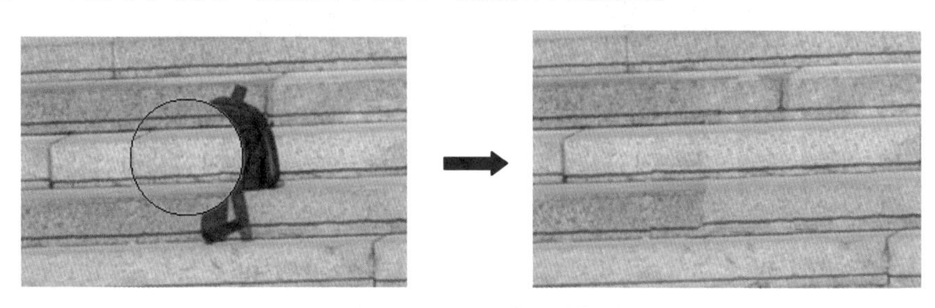

图 2-80 使用“仿制图章工具”清除黑包

2. 图案图章工具

“图案图章工具”用来复制预先定义好的图案。选择“图案图章工具”后，其选项栏如图 2-81 所示。单击图案右侧的“点按可打开‘图案’拾色器”按钮，在其下拉列表中选择需要的图案，将鼠标指针移至画布中拖曳即可绘制出图案。

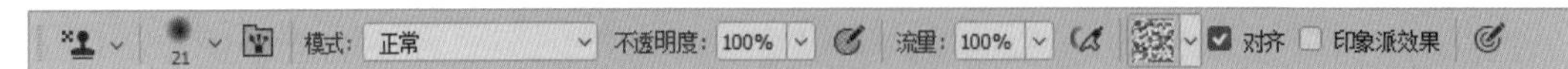

图 2-81 “图案图章工具”选项栏

（1）模式：设置绘制出的图案与原图像的混合模式。

（2）对齐：若选中该复选框，多次绘制的图案将保持连续平铺特性，如图 2-82 左图所示，尽管多次绘制，但图案仍保持着连续平铺的特性；若不选中该复选框，分次绘制出来的图案之间没有连续性，如图 2-82 右图所示。

选中

未选中

图 2-82 是否选中“对齐”复选框的多次绘制效果

（3）印象派效果：选中该复选框，绘制的图案会变得杂乱无章。

案例描述

对如图 2-83 所示的人物照片进行磨皮，磨皮后的效果如图 2-84 所示。

图 2-83 人物照片

图 2-84 磨皮后的效果

案例解析

- 使用“污点修复画笔工具”清除脸上的青春痘和斑点。

- 使用高斯模糊滤镜和“历史记录画笔工具”进行磨皮。
- 使用 USM 锐化滤镜对面部进行锐化，使面部线条清晰。
- 使用“减淡工具”在面部较暗的区域涂抹，使之稍明亮些。

案例实现

（1）选择“文件→打开”命令，弹出“打开”对话框，选择“xiaoli”文件，单击“打开”按钮。

（2）按【Ctrl+J】组合键，复制“背景”图层，将复制的图层重命名为“祛痘”，并使“祛痘”图层成为当前图层。

（3）选择工具栏中的“污点修复画笔工具”，调整画笔大小，在“污点修复画笔工具”选项栏中将“类型”设置为“内容识别”，将鼠标指针移至图像中，依次消除人物脸上的青春痘和斑点。祛痘后的效果如图 2-85 所示。

（4）按【Ctrl+J】组合键，复制“祛痘”图层，将复制的图层重命名为“磨皮”，使“磨皮”图层成为当前图层。

（5）选择“滤镜→模糊→高斯模糊”命令，打开“高斯模糊”对话框，设置半径为 6，单击“确定”按钮，对图像进行模糊处理，效果如图 2-86 所示。

（6）查看“历史记录”面板是否打开，若没有打开，则选择“窗口→历史记录”命令，打开“历史记录”面板，如图 2-87 所示。单击“高斯模糊”左侧的小方框，将该选项设置为“历史记录画笔的源”，然后单击前一项，返回到“高斯模糊”之前的操作。

图 2-85　祛痘后的效果

图 2-86　模糊后的效果

图 2-87　“历史记录”面板

（7）选择“历史记录画笔工具”，在面部进行涂抹，注意嘴唇、眉毛、鼻子轮廓不要涂抹，鼻子、眼睛的边缘要用较小的画笔涂抹，保留面部的线条。涂抹后的效果如图 2-88 所示。

（8）使“祛痘”图层成为当前图层，按【Ctrl+J】组合键，复制“祛痘”图层，并重命名为“锐化”，将该图层移至“磨皮”图层的上方。“图层”面板如图 2-89 所示。

（9）使“锐化”图层成为当前图层，选择“滤镜→锐化→USM 锐化”命令，打开“USM 锐化”对话框，设置半径为 9.5，数量为 70%，单击“确定”按钮，对图像进行锐化处理。在“图层”面板中将“锐化”图层的混合模式设置为“滤色”，不透明度为 50%。锐化后的效果如图 2-90 所示。

（10）选择工具栏中的“模糊工具”，在人物面部仍不太平滑的位置涂抹，使之变得更平滑。

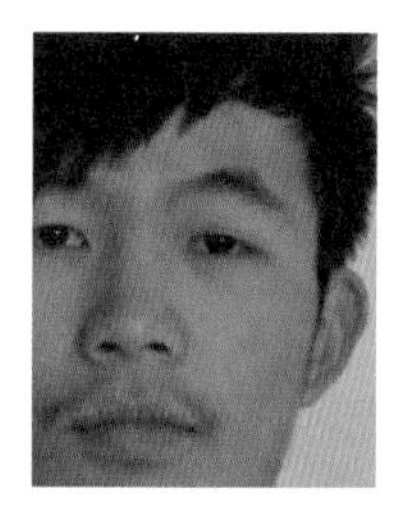

图 2-88 涂抹后的效果

图 2-89 “图层”面板

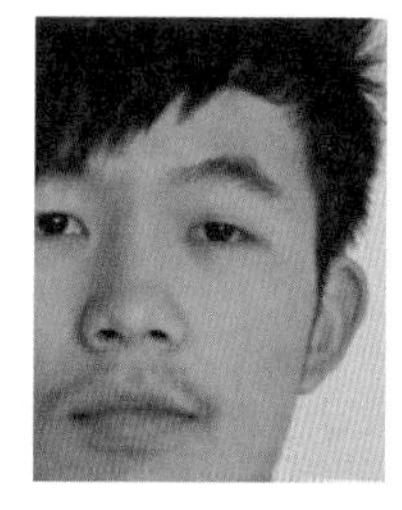

图 2-90 锐化后的效果

（11）选择工具栏中的“减淡工具”，在图像中较暗的部位涂抹，使之变亮，最后得到磨皮后的效果，如图 2-84 所示。

（12）选择“文件→存储为”命令，在合适的位置保存文件。

2.14 历史记录画笔工具组

历史记录画笔工具组有“历史记录画笔工具”和“历史记录艺术画笔工具”两个工具，在工具栏中打开后如图 2-91 所示。

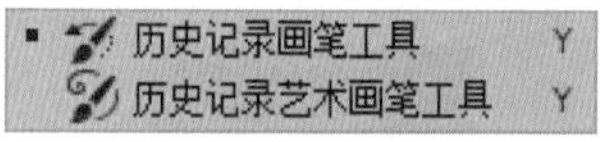

图 2-91 历史记录画笔工具组

1. 历史记录画笔工具

“历史记录画笔工具”与“历史记录”面板结合使用，可以将图像恢复到“历史记录”面板中记录的某个操作的状态。选择“历史记录画笔工具”，其选项栏如图 2-92 所示。

图 2-92 “历史记录画笔工具”选项栏

如图 2-93 所示，将荷花变得更鲜艳一些，可进行如下操作。

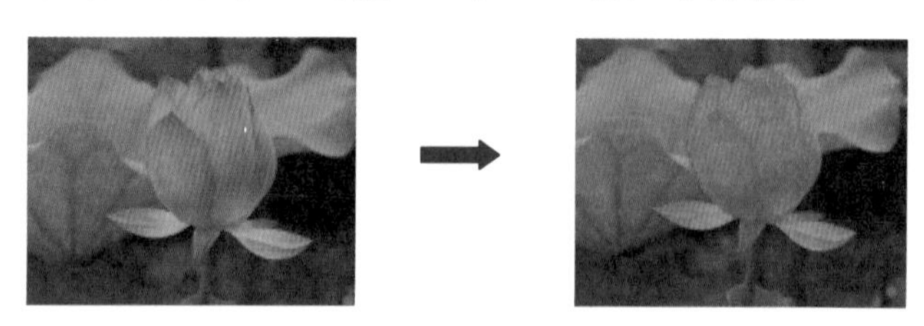

图 2-93 将荷花调整鲜艳

（1）打开荷花原图“hehua”。

（2）选择“图像→调整→色彩平衡”命令，打开“色彩平衡”对话框，调整青色和洋

红的值，如图 2–94 所示。单击“确定”按钮，图像色彩变化如图 2–95 所示。

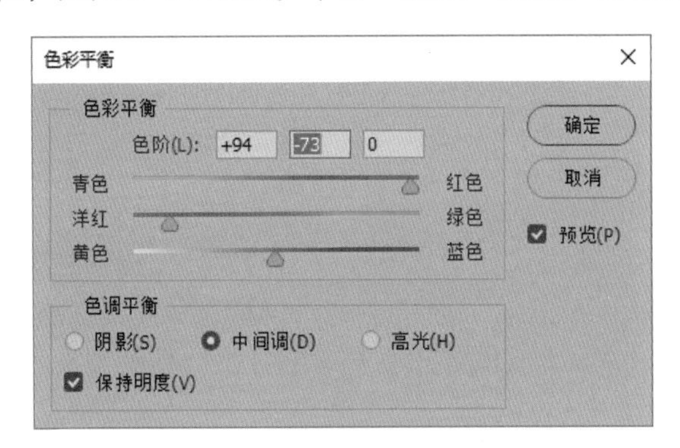

图 2–94　“色彩平衡”对话框

图 2–95　图像色彩变化效果

（3）打开“历史记录”面板，单击“打开”左侧的方框，将其设置为“历史记录画笔的源”，如图 2–96 所示。

（4）选择“历史记录画笔工具”，将画笔直径调整至合适大小，将画笔硬度设置为 50%，将鼠标指针移至图像中，按住鼠标左键并在荷花以外的地方涂抹，得到最终效果。

图 2–96　“历史记录”面板

2. 历史记录艺术画笔工具

“历史记录艺术画笔工具”的功能是使用指定历史记录状态或快照中的源数据，以风格化描边进行绘画，其使用方法与“历史记录画笔工具”基本相同，也是先要在“历史记录”面板中设置好“历史记录画笔的源”，然后将鼠标指针移至图像中，拖曳鼠标进行绘画，只是在用“历史记录艺术画笔工具”将图像恢复到某个历史操作状态的同时，会附加特殊的艺术处理效果，其选项栏如图 2–97 所示。

图 2–97　“历史记录艺术画笔工具”选项栏

（1）样式：有“绷紧短”“绷紧长”等 10 个选项，用来控制绘画描边的形状。

（2）区域：指定绘画描边所覆盖的区域。设置的数值越大，覆盖的区域越大，描边的数量也越多。

（3）容差：限定可以应用绘画描边的区域。低容差可用于在图像中的任何区域绘制无数条描边，高容差将绘画描边限定在与源状态或快照中的颜色明显不同的区域。

2.15 模糊工具组

模糊工具组包含“模糊工具”“锐化工具”和“涂抹工具”，在工具栏中打开后如图 2–98 所示。

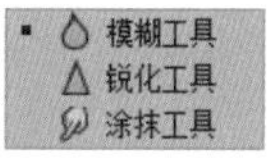

模糊工具
锐化工具
涂抹工具

图 2-98　模糊工具组

1. 模糊工具

“模糊工具”的功能是柔化图像，主要通过柔化图像中较突出的色彩和僵硬的边界，从而使图像的色彩过渡平滑，产生模糊效果。选择工具栏中的“模糊工具”后，会出现如图 2-99 所示的选项栏，进行相关参数设置后，在图像中涂抹，就会出现模糊效果，反复涂抹的次数越多，模糊效果就越明显。

图 2-99　“模糊工具”选项栏

处理数码照片时，往往通过使背景变模糊的方法来突出主体。如图 2-100 所示，对照片中人物以外的部分做模糊处理，使人物更加突出。

图 2-100　对背景进行模糊处理

2. 锐化工具

“锐化工具”的作用是提高像素的对比度，使图像看上去更清晰，其使用方法与“模糊工具”类似，不同的是，“锐化工具”用来增强涂抹区域图像边缘的对比度，从而产生清晰的效果。在图像的某个区域涂抹的次数越多，锐化效果就越明显。如图 2-101 所示，对图像中的花朵进行锐化处理，锐化后花朵的线条更加清晰。

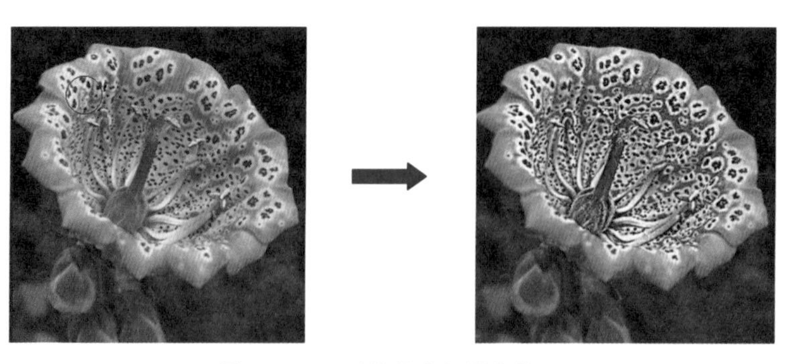

图 2-101　对花朵进行锐化处理

3. 涂抹工具

“涂抹工具”类似于用笔刷在颜料未干的油墨上涂抹，会产生类似于刷子划过的痕迹。涂抹的起始点颜色会随着“涂抹工具”的滑动延伸。

选择工具栏中的“涂抹工具”后，会出现其选项栏，如图 2-102 所示。

图 2-102　“涂抹工具”选项栏

（1）强度：用来定义涂抹的强度，数值越大，涂抹的效果越明显。

（2）手指绘画：选中该复选框后，使用前景色在图像上涂抹，就像手指蘸上颜料在未干的油墨上绘画一样。在按住【Alt】键的同时在图像上涂抹，可以实现用手指涂抹的效果。

2.16 加深减淡工具组

加深减淡工具组包含“减淡工具”“加深工具”和“海绵工具”，在工具栏中打开后如图 2-103 所示。

图 2-103　加深减淡工具组

1. 减淡工具

“减淡工具”的作用是使颜色减淡，增加图像的亮度，通常用于对局部图像加亮。在工具栏中选择“减淡工具”，出现其选项栏，如图 2-104 所示，进行相关参数设置后，在图像中移动鼠标指针，鼠标指针经过的区域会加亮。

图 2-104　“减淡工具”选项栏

（1）范围：有“阴影”“中间调”“高光”3 个选项。选择“阴影”时，加亮的范围主要是图像中较暗的部分，其他部分变化不明显；选择“高光”时，加亮的范围主要是图像中较亮的部分；选择“中间调”时，加亮的范围主要是图像中较暗和较亮之间的区域。

（2）曝光度：用于控制减淡的速度和流量。该值越大，减淡的速度就越快，一般来说，曝光度不宜设置得太大。

（3）保护色调：选中该复选框，可以尽可能小地影响对阴影和高光的修剪，还可以防止颜色发生色偏。

2. 加深工具

“加深工具”的作用是使图像变暗，颜色加深，通常用来修复曝光过度的图像，或使图像的局部变暗，其使用方法与“减淡工具”完全相同。

3. 海绵工具

“海绵工具”的作用是改变图像局部的色彩饱和度。选择工具栏中的“海绵工具”，出现其选项栏，如图 2-105 所示。

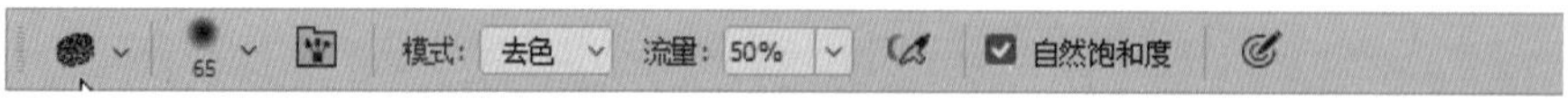

图 2-105 “海绵工具”选项栏

（1）模式：有“加色”和“去色”两个选项。若选择“加色”，则“海绵工具”将增大图像的色彩饱和度，使图像变得更加鲜艳；若选择“去色”，则“海绵工具”将减小图像的色彩饱和度。

（2）自然饱和度：选中该复选框后，降低饱和度时对饱和度高的部位降低得明显，对饱和度低的部位则影响较小；增加饱和度时对饱和度高的部位影响较小，对饱和度低的部位增加得明显。

案例 6 制作邮票——形状工具的应用

案例描述

制作如图 2-106 所示的“美丽家园”邮票效果。

图 2-106 “美丽家园”邮票效果

案例解析

- 使用“矩形工具”和“椭圆形工具”等绘制房子及房子前的小路。
- 使用“自定形状工具”绘制月亮、星星、树、小草和小白兔。
- 使用“横排文字工具”和“直排文字工具”输入文字。

案例实现

（1）选择“文件→新建”命令，弹出“新建文档”对话框，设置宽度为 5 厘米，高度为 3 厘米，分辨率为 300 像素/英寸，颜色模式为“RGB 颜色”“8 位”，背景内容为黑色，单击“创建”按钮，建立一个新文档。

（2）选择“视图→显示→网格”命令，使画布中显示网格。选择工具栏中的“矩形工具”，设置工具模式为“形状”，填充色为白色，描边色为黑色，描边宽度为 15 像素，描边类型为虚线，对齐方式为居中，按住鼠标左键，绘制一个略小于画布的白色矩形，如图 2-107 所示。

（3）新建一个图层，命名为“底色”，选择“矩形选框工具”，绘制一个略小于白色矩形的矩形选区。选择“渐变工具”，设置填充颜色为“铬黄渐变”，渐变方式为线性渐变，在矩形选区内从上到下拖曳进行填充，效果如图 2-108 所示。按【Ctrl+D】组合键取消选区。

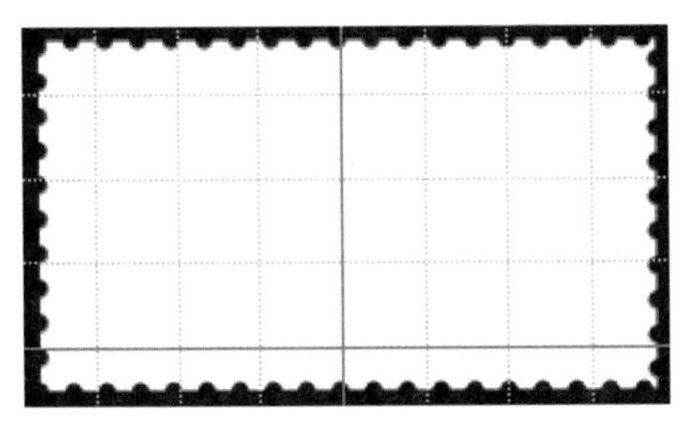

图 2-107　绘制矩形

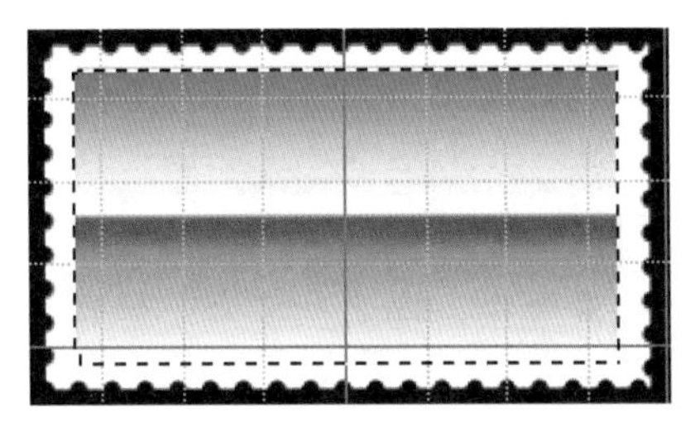

图 2-108　渐变填充效果

（4）选择“多边形工具”，设置工具模式为“形状”，填充色为 20%灰色，描边色为黑色，描边宽度为 1 像素，边的数量为 3，在画布中绘制一个三角形，自动生成一个形状图层，作为房顶。按【Ctrl+T】组合键，对三角形进行变形操作，并调整其位置，效果如图 2-109 所示。

（5）选择“矩形工具”，在三角形的下方绘制一个矩形，作为房子的主体。新建一个图层，选择“椭圆工具”，设置工具模式为“路径”，在刚绘制的矩形内绘制一个椭圆形路径，选择“矩形工具”，设置工具模式为“路径”，路径操作为合并路径，从椭圆形的中间位置向下绘制一个矩形路径，如图 2-110 所示。

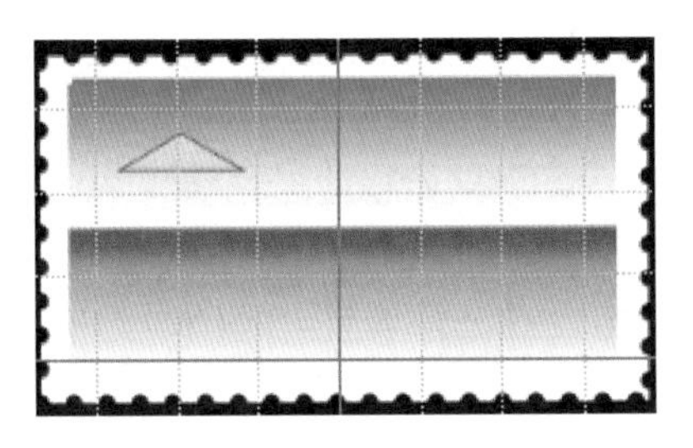

图 2-109　绘制房顶

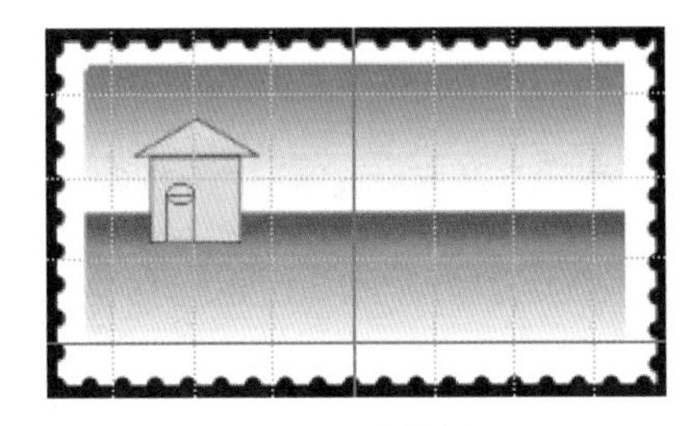

图 2-110　绘制路径

（6）打开“路径”面板，单击面板底部的“将路径作为选区载入”按钮，将路径转换为选区，选择“编辑→描边”命令，打开“描边”对话框，设置描边色为黑色，描边宽度为 1 像素，单击“确定”按钮，绘制出房门，选择“直线工具”，设置工具模式为“形状”，填充色为无颜色，描边色为黑色，描边宽度为 2 像素，在房门上绘制出一小段直线，作为门把手，效果如图 2-111 所示。

（7）新建一个图层，选择“矩形工具”，设置工具模式为“形状”，填充色为无颜色，描边色为黑色，描边宽度为 1 像素，在房门右上方绘制一个矩形，作为房子的窗户。再新建一个图层，选择“直线工具”，设置工具模式为“形状”，填充色为无颜色，描边色为黑色，描边宽度为 1 像素，在窗户的中间位置分别绘制一条水平直线和一条垂直直线，划分出窗格，效果如图 2-112 所示。

图 2-111　绘制房门及门把手

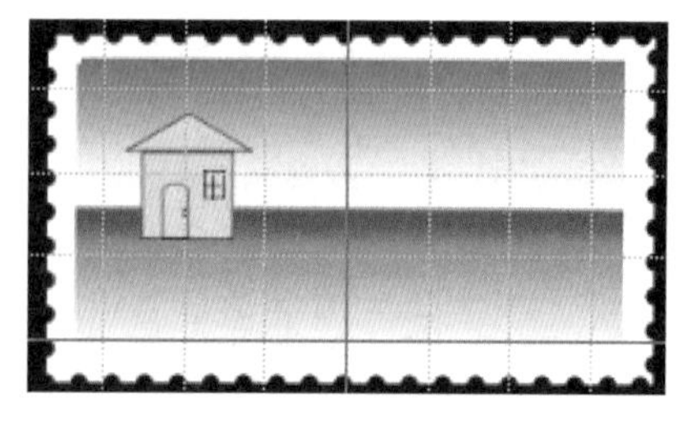

图 2-112　绘制窗户

（8）选中创建的所有形状图层，选择“图层→合并图层”命令，将合并后的图层命名为“房子”。新建一个图层，命名为“烟囱”，选择“矩形工具”，在房子的顶部绘制一个小矩形，作为烟囱，并将“烟囱”图层移至“房子”图层的下方，效果如图 2-113 所示。

（9）新建一个图层，选择“椭圆形工具”，设置工具模式为“形状”，填充色为 35%灰色，描边色为黑色，描边宽度为 1 像素，依次绘制 3 个从小到大的椭圆形，作为房前的小路，效果如图 2-114 所示。

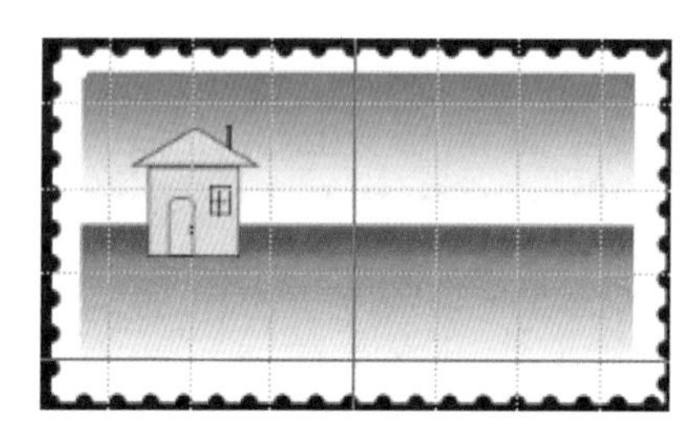

图 2-113　绘制烟囱

图 2-114　绘制小路

（10）新建一个图层，并将该图层重命名为“月亮”。选择工具栏中的“自定形状工具”，将前景色设置为黄色。单击选项栏中的“点按可打开‘自定形状’拾色器”按钮，选择“月亮工具”，在画布中绘制一个月亮，效果如图 2-115 所示。

（11）新建一个图层，选择工具栏中的“自定形状工具”，将前景色设置为白色。单击选项栏中的“点按可打开‘自定形状’拾色器”按钮，选择“星星工具”，在画布中绘制多个星星，星星的大小、形状、角度可按【Ctrl+T】组合键进行调整。将所有的星星图层合并，将合并后的图层重命名为“星星”，效果如图 2-116 所示。

图 2-115　绘制月亮

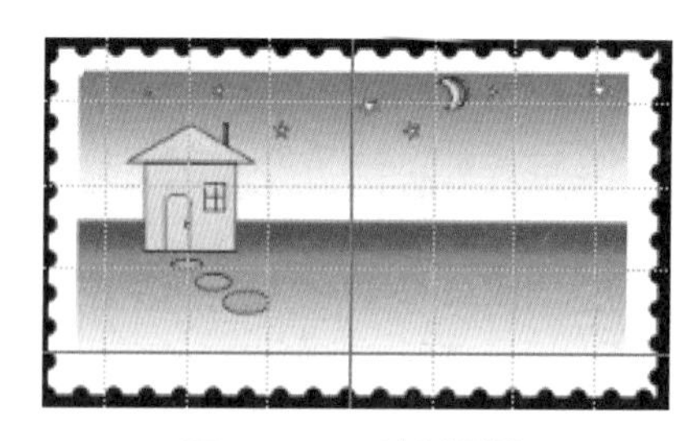

图 2-116　绘制星星

（12）新建一个图层，选择工具栏中的“自定形状工具”，将前景色设置为深绿色。单击选项栏中的“点按可打开‘自定形状’拾色器”按钮，选择“树工具”，在画布中绘制 3 棵树，合并树所在的图层，将合并的图层重命名为“树”，效果如图 2-117 所示。

（13）新建一个图层，选择工具栏中的“自定形状工具”，将前景色设置为绿色。单击

选项栏中的“点按可打开‘自定形状’拾色器”按钮，选择“小草工具”，在画布中绘制多棵小草，合并小草所在的图层，将合并的图层重命名为“小草”，效果如图 2-117 所示。

（14）新建一个图层，重命名为“小白兔”。选择工具栏中的“自定形状工具”，将前景色设置为白色，单击选项栏中的“点按可打开‘自定形状’拾色器”按钮，选择“兔子工具”，在画布中绘制一只小白兔，将“小白兔”图层移至“小草”图层的下面，效果如图 2-118 所示。

图 2-117　绘制树和小草

图 2-118　绘制小白兔

（15）选择工具栏中的“横排文字工具”，设置前景色为白色，字体为黑体，在图像左上方输入文字“120 分”。设置前景色为黑色，在图像下方输入文字“2019-5”和“China 中国邮政”。选择“直排文字工具”，在画布的左侧输入文字“美丽家园”，效果如图 2-106 所示。

（16）选择“文件→存储为”命令，在合适的位置保存文件。

2.17 形状工具组

形状工具组包括“矩形工具”“圆角矩形工具”“椭圆工具”“多边形工具”“直线工具”“自定形状工具”，主要功能是绘制各种形状、路径和填充图形，如图 2-119 所示。

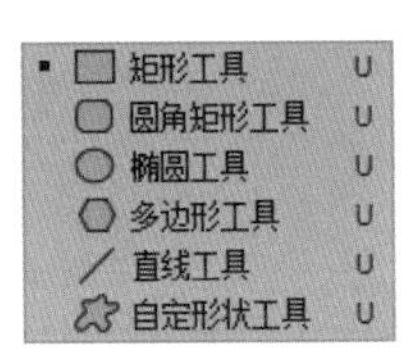

图 2-119　形状工具组

形状工具组中各个工具的使用方法基本相同，下面以“矩形工具”为例说明其使用方法。

1. 创建矩形形状

选择工具栏中的“矩形工具”，出现如图 2-120 所示的选项栏，默认工具模式为“形状”。进行相关参数设置后，在画布中按住鼠标左键拖曳，将自动生产一个新图层，绘制出的矩形形状为矢量图形，被放置在形状图层蒙版中。若要绘制正方形，则在拖曳的同时需要按住【Shift】键；若要创建以鼠标单击点为中心的矩形形状，则需要在按住【Alt】键的同时进行绘制。

图 2-120 “矩形工具”选项栏——形状

除上述绘制方法以外，还可以在选择“矩形工具”后，直接在画布中单击鼠标，打开“创建矩形”对话框，如图 2-121 所示。输入宽度和高度，单击“确定”按钮，就可以创建一个指定大小的矩形形状。

形状绘制完毕后，会在浮动面板区打开如图 2-122 所示的“实时形状属性”框，可以非常方便地调整绘制的矩形形状的位置和大小，还可以方便地对每个角进行分别设置，转换为直角或圆角，如创建图 2-123 所示的边线为虚线的圆角矩形。

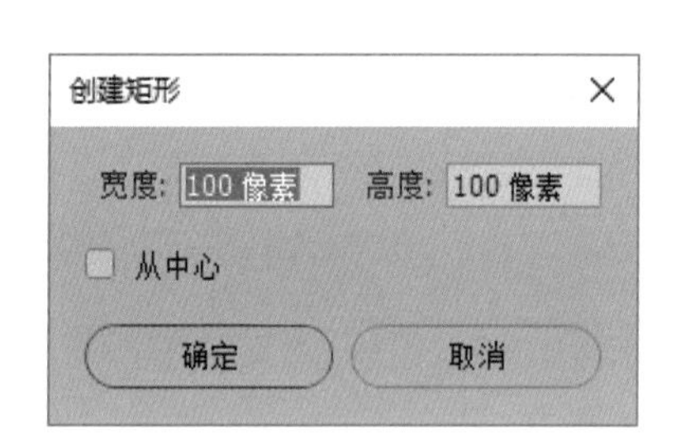

图 2-121 “创建矩形”对话框

图 2-122 “实时形状属性”框

图 2-123 圆角矩形

2. 创建矩形路径

选择“矩形工具”后，在选项栏中选择工具模式“路径”，出现如图 2-124 所示的选项栏。在画布中按住鼠标左键拖曳，将绘制出一个矩形路径。

图 2-124 “矩形工具”选项栏——路径

（1）选区：绘制路径后，单击“选区”按钮，打开“新建选区”对话框，进行参数设置后单击“确定”按钮，路径转换为选区。

（2）蒙版：新建一个矢量蒙版。

（3）形状：将路径转换为形状。

3. 创建填充图形

选择“矩形工具”后，在选项栏中选择工具模式“像素”，出现如图 2-125 所示的选项栏。在画布中按住鼠标左键拖曳，将绘制出一个用前景色填充的矩形。

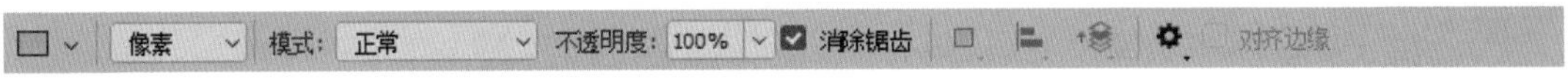

像素
模式：
正常
不透明度：
100%
消除锯齿
对齐边缘

图 2-125　“矩形工具”选项栏——像素

2.18 钢笔工具组

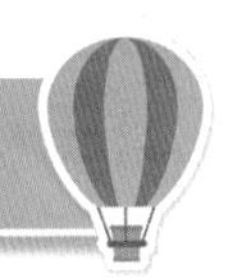

钢笔工具组包括“钢笔工具”“自由钢笔工具”“添加锚点工具”“删除锚点工具”和“转换点工具”，在工具栏中打开后如图 2-126 所示，主要功能是创建和编辑路径。

钢笔工具 P
自由钢笔工具 P
添加锚点工具
删除锚点工具
转换点工具

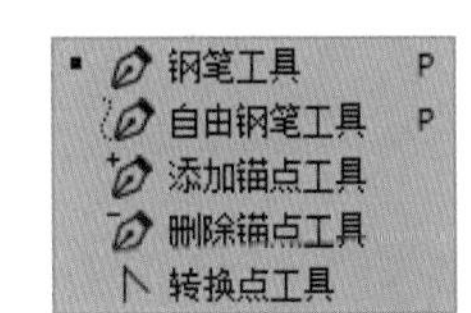

图 2-126　钢笔工具组

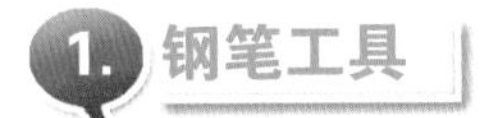

1. 钢笔工具

“钢笔工具”的主要功能是绘制路径。选择工具栏中的“钢笔工具”，出现如图 2-127 所示的选项栏。

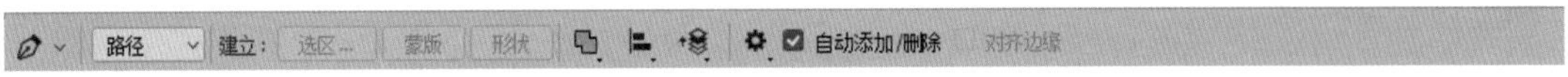

路径
建立：
选区...
蒙版
形状
自动添加/删除
对齐边缘

图 2-127　“钢笔工具”选项栏

使用“钢笔工具”不但可以绘制路径，而且可以绘制形状和填充图形，使用方法基本相同，下面以绘制路径为例说明它的使用方法。

（1）基本用法。使用“钢笔工具”在画布中第一次单击鼠标，会出现一个锚点，再次单击鼠标，会生成一条线段，该线段称为片段，如图 2-128 所示。若单击鼠标后进行拖曳，会出现一个带两个控制杆的锚点，两个锚点之间的连线变为平滑曲线，随着拖曳操作，曲线的弯曲程度也会发生变化，如图 2-129 所示；若直接单击鼠标，则生成带有拐角的路径。当绘制的路径回到起点时，鼠标指针的形状变为一个小圆圈，单击鼠标，则创建一个闭合的路径；若创建的路径没有回到起点，则创建一个不闭合的路径。

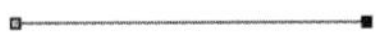

图 2-128　片段

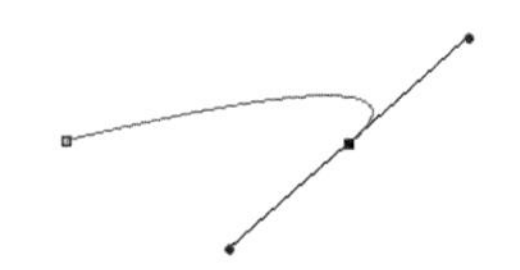

图 2-129　曲线

（2）编辑锚点。在绘制路径的过程中可以对路径进行以下编辑。

① 在按住【Ctrl】键的同时单击某个锚点，会出现控制杆，通过拖曳控制杆可以改变曲线的弯曲程度。

② 在按住【Ctrl】键的同时拖曳某条直线或曲线，也可以对路径进行修改。

③ 在按住【Alt】键的同时单击某个锚点，会删除控制杆。

④ 在按住【Alt】键的同时拖曳某个锚点，会出现新的控制杆。

⑤ 按【Delete】键删除最近创建的锚点。

2. 自由钢笔工具

选择“自由钢笔工具”，可以通过自由拖曳鼠标指针创建路径，系统会根据鼠标指针的轨迹自动生成锚点，其选项栏如图 2-130 所示。

图 2-130　“自由钢笔工具”选项栏

若选中了“磁性的”复选框，“自由钢笔工具”将转换为“磁性钢笔工具”，鼠标指针沿着图像的边缘移动时，会自动生成锚点和路径。

3. “添加锚点工具”和“删除锚点工具”

选择工具栏中的“添加锚点工具”，在路径上单击鼠标就可以添加锚点。选择工具栏中的“删除锚点工具”，单击路径中的某个锚点，就可以将该锚点删除。

4. 转换点工具

“转换点工具”的功能主要是编辑锚点，常用的操作有以下几个。

（1）单击某个带有控制杆的锚点，将删除控制杆，使平滑的曲线变为角点。

（2）拖曳某个角点，为角点添加控制杆。

（3）拖曳控制杆，可以解除两个控制杆之间的联动关系。

（4）拖曳片段，可以改变片段的形状。

2.19 路径选择工具组

Photoshop CC 中用于路径选择的工具有两个：“路径选择工具”和“直接选择工具”，在工具栏中打开后如图 2-131 所示。

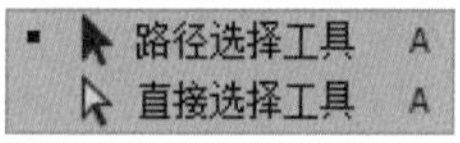

图 2-131　路径选择工具组

1. 路径选择工具

“路径选择工具”用来选择整条路径，并可对其进行移动、复制、组合、排列、分布、等操作。

其使用方法类似于“移动工具”，不同的是“移动工具”的操作对象是选区或图层，而“路径选择工具”的操作对象是路径。

2. 直接选择工具

“直接选择工具”可以选择一个或多个锚点，可以方便地对锚点、片段或整个路径进行操作，其主要操作有以下几个。

（1）选择锚点：选择“直接选择工具”后，单击某个锚点，可选择该锚点；按住鼠标左键拖曳，可绘制一个由虚线构成的方框，方框覆盖的锚点都被选中，若方框覆盖整个路径，则选中该路径的所有锚点，松开鼠标左键后，方框消失。在路径外任意处单击鼠标，可以取消对锚点的选择。

（2）编辑路径：按住鼠标左键拖曳锚点或片段，可以改变路径的形状。

（3）移动路径：选择所有锚点后，可以通过鼠标拖曳改变路径的位置。

（4）复制路径：在按住【Alt】键的同时拖曳路径，可以实现路径的复制。

一、填空题

1．要创建一个正方形或正圆形选区，在拖曳鼠标指针同时应按下的键是__________。

2．按键盘上的__________键，可将前景色和背景色设置为默认颜色，按键盘上的__________键，可以实现前景色和背景色的切换。

3．渐变的填充方式有__________、__________、__________、__________、__________。

4．使用“橡皮擦工具”和“背景橡皮擦工具”分别在背景图层上擦拭，擦除位置显示的分别是__________和__________。

5．取消选区的快捷键是__________，要选择当前选区以外的所有像素，应使用的快捷键是__________。

6．使用“内容感知移动工具”修复图像时，若模式选择“扩展”，则可以实现图像的__________。

7．在使用“修补工具”修复图像时，要用创建的选区修复其他位置的图像，应在选项栏中选中__________。

8．“污点修复画笔工具”的修复类型包括__________、__________和__________。

9．使用“仿制图章工具”取样时应按的键是__________。

10．要选择路径中的某个锚点，应选择的工具是__________。

二、上机操作题

1．分别利用规则选框工具和形状工具绘制如图 2-132 所示的脸谱。

图 2-132　脸谱

2．小王从网上下载了一幅风景图片，如图 2-133 所示，请帮小王去掉图下方的水印。

图 2-133　风景图片

3．请为如图 2-134 所示的美女头像进行磨皮和美白。

4．制作如图 2-135 所示的倒影文字。（提示：先将倒影部分的文字栅格化，然后填充渐变色。）

图 2-134　美女头像

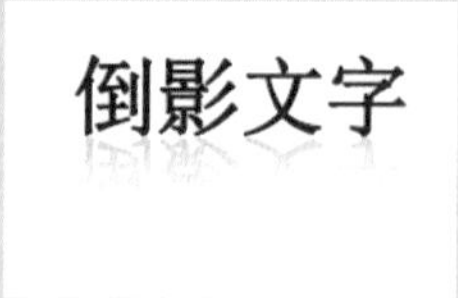

倒影文字

图 2-135　倒影文字

5. 将如图 2-136 所示的花瓶放到如图 2-137 所示的书桌上，效果如图 2-138 所示。

图 2-136　花瓶

图 2-137　书桌

图 2-138　添加花瓶效果

模块 3

图层、通道、蒙版和路径

案例 7 制作汽水海报——认识图层

案例描述

图层是 Photoshop CC 的核心功能之一，它承载了几乎所有的图像效果，可在图层中控制对象的不透明度、混合模式等。下面通过案例了解图层的概念，学习使用图层完成图像的叠加与合成。完成效果如图 3-1 所示。

图 3-1　完成效果图

案例解析

- 熟练建立新文件。
- 熟练建立图层。
- 熟练复制、删除图层。
- 学习图层混合模式的使用方法。
- 掌握图层之间的关系。

案例实现

（1）选择“文件→新建”命令，打开“新建”对话框（在“首选项”对话框的“常规”选项中，可以设置使用旧版“新建文档”界面，即“新建”对话框），单击“确定”按钮，创建一个大小为 750 像素×1400 像素、分辨率为 150 像素/英寸的新文档，名称为“汽水”，如图 3-2 所示。

（2）将前景色与背景色分别设置为：#1c4476、#61a8e5。使用渐变工具，设置渐变颜色为前景色/背景色，渐变方式为“径向渐变”，如图 3-3 所示。然后在“背景”图层上拖拽设置渐变。

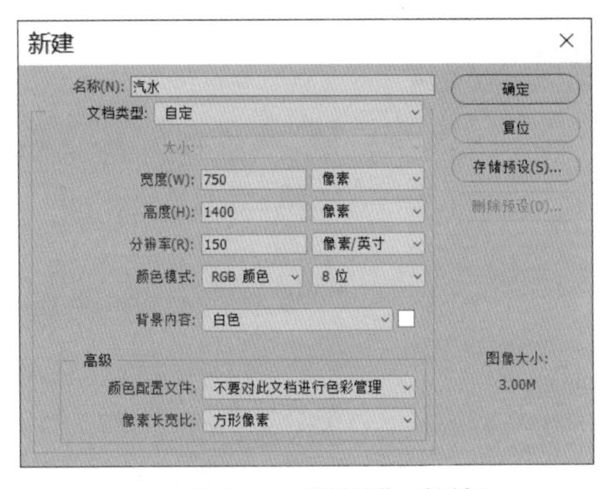

图 3-2 “新建”对话框

图 3-3 “渐变工具”属性面板

（3）选择“文件→打开”命令，打开“素材”文件夹中的“冰块”“水花”“汽水”“背景”4 个文件，选择“移动工具” ，将 4 张图片分别移至图像编辑窗口中的适当位置，效果如图 3-4 所示。调整图层顺序，如图 3-5 所示。

图 3-4 导入 4 个文件

图 3-5 调整图层顺序

（4）单击“图层”面板中的“汽水”图层，按【Ctrl+T】组合键缩小图片。

（5）单击“图层”面板中的“汽水”图层，按【Ctrl+J】组合键复制图层，生成“汽水 拷贝”图层，放置到适当的位置，如图 3-6 所示。使用同样的方法复制“水花”图层，生成“水花 拷贝”图层，按【Ctrl+T】组合键，在水花图片上单击鼠标右键选择“水平翻转”选项，如图 3-7 所示，并将图像移至合适的位置。

（6）单击“图层”面板中的“背景”图层，选择混合模式为“滤色”，如图 3-8 所示。

（7）单击“横排文字工具”，设置字符大小为 20 点；字体为黑体；颜色为#fd6400；斜体，如图 3-9 所示。在图像编辑区内单击鼠标左键，输入文字“你喝的是汽水”，并单击“确定”按钮。

（8）设置字符大小为 30 点；字体为黑体；颜色为#fd6400；斜体，单击鼠标左键，在文字下方继续输入文字“我喝的是冰爽”，并单击“确定”按钮。

（9）选择“汽水”两个字，设置字符大小为 40 点；非斜体，字体为方正粗倩简体，其他属性不变，效果如图 3-10 所示。

图 3-6　复制“汽水”图层

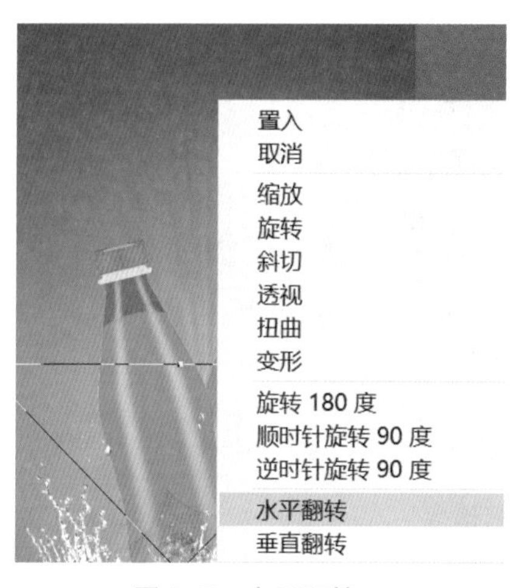

图 3-7　水平翻转

图 3-8　“滤色”混合模式

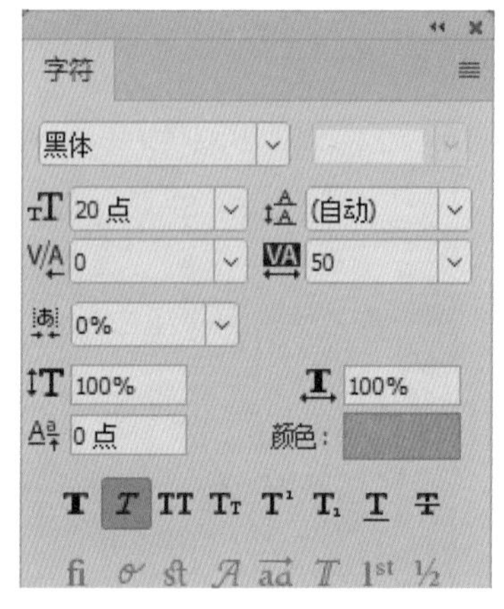

图 3-9　字符属性

图 3-10　文字输入效果

（10）单击“你喝的是汽水”文字图层，单击“添加图层样式”按钮，添加“描边”样式，在打开的“图层样式”窗口中，设置描边颜色：#fffbee；描边大小：3px。

（11）继续添加“内阴影”图层样式，颜色为：#7c3508，其他参数如图 3-11 所示。

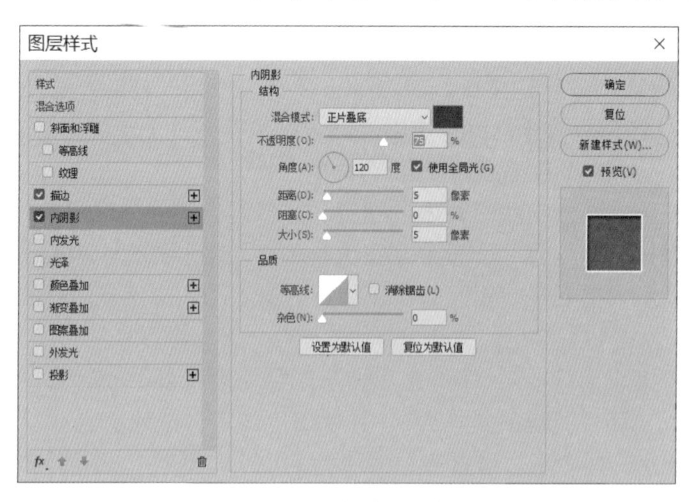

图 3-11　添加内阴影样式

（12）选择“你喝的是汽水”文字图层，单击鼠标右键，在弹出的快捷菜单中选择“拷贝图层样式”选项，如图 3-12 所示。

（13）在“图层”面板的“我喝的是冰爽”图层上单击鼠标右键，在弹出的快捷菜单中选择“粘贴图层样式”选项，如图 3-13 所示。

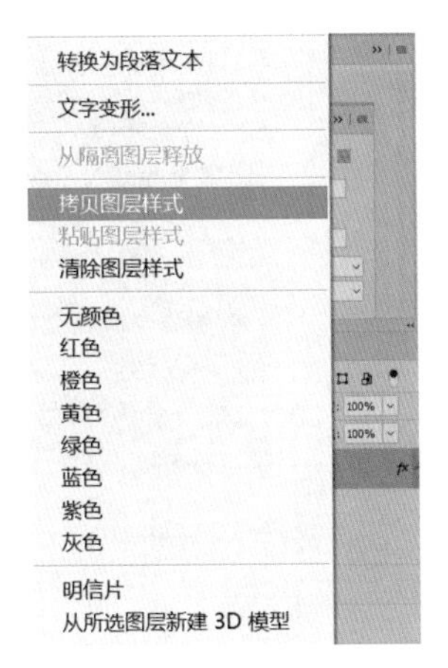

图 3-12　拷贝图层样式

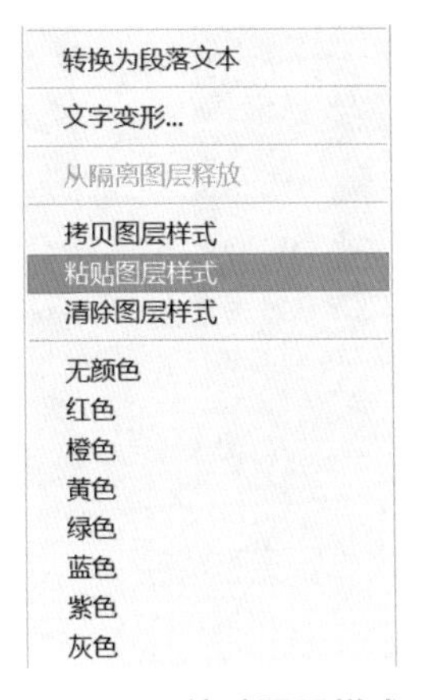

图 3-13　粘贴图层样式

（14）选择“我喝的是冰爽”文字图层，单击“添加图层样式”按钮，继续添加“斜面和浮雕”样式，在打开的“图层样式”窗口中，参数设置如图 3-14 所示，效果如图 3-15 所示。

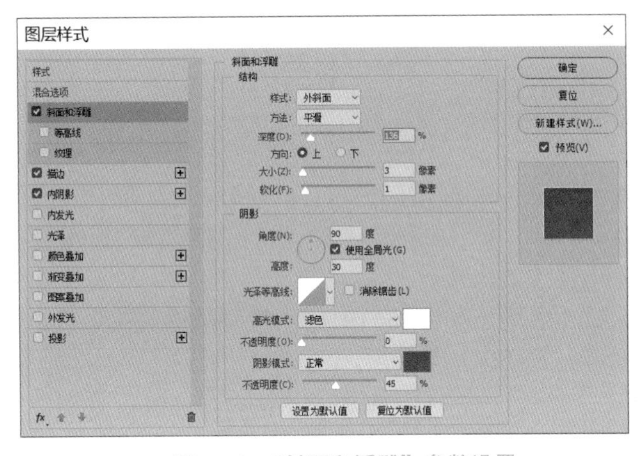

图 3-14　“斜面和浮雕”参数设置

图 3-15　“斜面和浮雕”效果图

（15）设置前景色为：#f15f05，单击“图层”面板中的“新建图层”按钮，新建一个“图层 1”，单击“矩形选框工具”，在图像编辑区拖拽出一个矩形选区，如图 3-16 所示。然后使用“填充”工具填充矩形选区（或按【Alt+Backspace】组合键）。

（16）使用“横排文字”工具，输入文字“经典配方，激爽可口”，字符大小 15 点；颜色为白色；字体为微软雅黑。并将“图层”面板中的文字图层移动到矩形图层的上方，效果如图 3-17 所示。

（17）将“素材”文件夹中的“柠檬片.png”文件拖拽到图像编辑区中，调整大小，并将“图层”面板中的“柠檬片”图层调整到“图层 1”图层的上方。如图 3-18 所示。

图 3-16　绘制矩形

图 3-17　输入文字

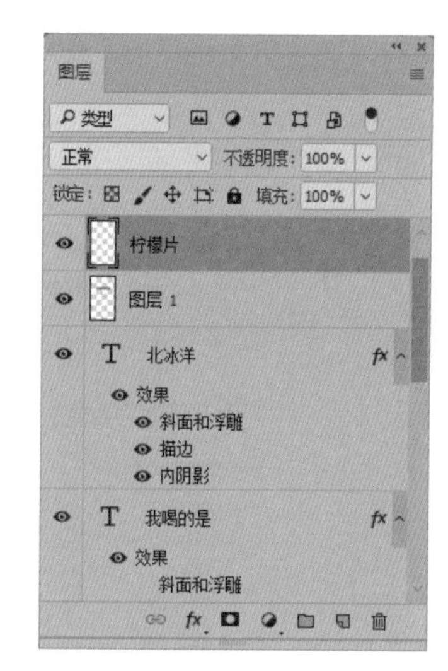

图 3-18　调整图层

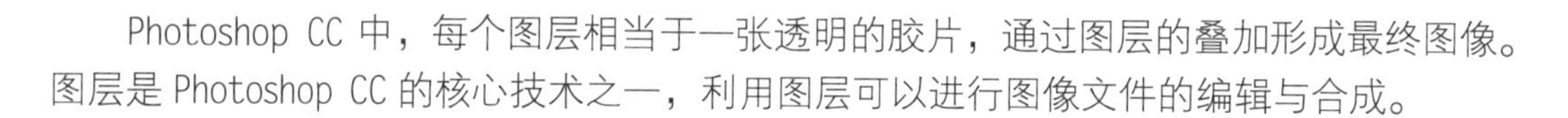

3.1 图层的基本操作

Photoshop CC 中，每个图层相当于一张透明的胶片，通过图层的叠加形成最终图像。图层是 Photoshop CC 的核心技术之一，利用图层可以进行图像文件的编辑与合成。

1. 新建图层

新建图层有以下 3 种方式。

（1）单击“图层”面板下方的“创建新图层”按钮，系统将快速创建一个新图层。

（2）选择“图层→新建→图层”命令，弹出如图 3-19 所示的“新建图层”对话框，可对图层进行名称、颜色、模式及不透明度的设置。

（3）按【Shift+Ctrl+N】组合键也会弹出如图 3-19 所示的对话框；按【Alt+Shift+Ctrl+N】组合键则可直接在当前图层上方新建一个图层。

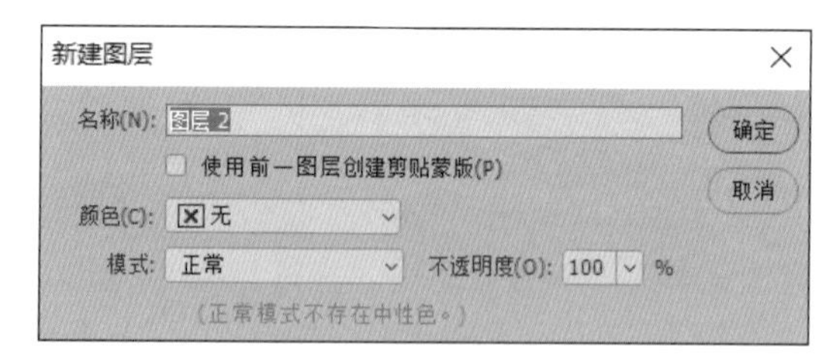

图 3-19　“新建图层”对话框

2. 复制图层

复制图层有以下 3 种方式。

（1）选中要复制的图层，选择“图层→复制图层”命令，可以在弹出的对话框中设置图层的名称和目标位置。

（2）将要复制的图层拖曳到“图层”面板下方的“创建新图层”按钮上，同样能够实现复制图层的目的。

（3）选中要复制的图层，按【Ctrl+J】组合键可以复制该图层。

3. 删除图层

删除图层有以下两种方式。

（1）选中要删除的图层，单击“图层”面板下方的“删除图层”按钮，或将图层拖曳到“删除图层”按钮上，可删除该图层。

（2）选中要删除的图层，选择“图层→删除→图层”命令，可以删除图层。

4. 调整图层顺序

选中要调整顺序的图层，按住鼠标左键将其拖曳到目标位置，当显示的突出线条出现在图层的位置时松开鼠标，可实现图层顺序的调整。

5. 显示/隐藏图层内容

单击图层左侧的“指示图层可见性”按钮，即“眼睛”按钮，可实现图层内容的显示与隐藏，当“眼睛”按钮为灰色时，图层内容被隐藏，否则显示。

6. 链接图层

在按住【Ctrl】键或【Shift】键的同时单击图层可选择多个连续或不连续的图层，单击“图层”面板下方的“链接图层”按钮，在每个被选中的图层右侧都会出现一个图标，则这些图层将被链接在一起，可以同时移动，也可以单独编辑。

要取消图层链接，选中要取消链接的图层，再次单击“链接图层”按钮即可。

7. 合并图层

合并图层有以下 3 种方式。

（1）选择“图层→向下合并”命令或按【Ctrl+E】组合键，将当前图层与下一个图层合并，如果选中多个图层，则可以合并多个已选中的图层。

（2）选择“图层→合并可见图层”命令或按【Shift+Ctrl+E】组合键，将所有可见图层合并，隐藏的图层则不被合并。

（3）选择“图层→拼合图像”命令，将所有图层合并，如果当前图像中含有隐藏图层，则会弹出一个对话框，询问用户是否删除隐藏图层。

8. 创建图层组

当 Photoshop CC 中的图层比较多时，将图层进行分组管理能提高工作效率。创建分组的方法有以下两种。

（1）选择“图层→新建→组”命令，可在弹出的对话框中设置组名、颜色、模式与不透明度。

（2）单击“图层”面板下方的“创建新组”按钮，也可以创建一个新的组。

✔ **提示**

还可以通过单击“图层”面板右上角的小三角按钮，在弹出的菜单中找到相应的命令来完成图层的基本操作。

3.2 图层混合模式

Photoshop CC 共提供了包括“正常”在内的 27 个图层混合模式。每个图层混合模式都有着各自的混合运算方法。为相同的两个图像设置不同的图层混合模式，得到的效果也不尽相同。下面介绍几个常用的图层混合模式。

（1）正常：各图层的图像不发生任何混合，但仍可以通过设置“不透明度”及“填充”数值，使当前图层与下方图层产生一定的混合效果。

（2）正片叠底：当前图层与下方图层中较暗的像素进行合成，且在图像暗部区域过渡平缓。在此模式下，任何颜色与黑色混合都会产生黑色，与白色混合则保持不变。

（3）滤色：与“正片叠底”相反，“滤色”在整体效果上显示当前图层与下方图层中较亮的像素合成的图像效果。在此模式下，用黑色过滤时保持不变，用白色过滤时将产生白色。

（4）叠加：最终效果取决于下方图层，但当前图层的明暗对比效果也将直接影响到整体效果，叠加后下方图层的明暗对比仍被保留。

（5）强光：合成或过滤颜色，具体取决于混合色，效果与耀眼的聚光灯照在图像上的效果相似。用纯黑色或纯白色绘画会产生纯黑色或纯白色效果。

3.3 “图层”面板中其他选项的功能

“图层”面板中还有一些其他选项，具体功能如下。

（1）不透明度：调整除“背景”图层以外的图层的不透明度，数值越小越透明。

（2）锁定透明像素：由于锁定了透明像素，因此只有在图层中的图像内部才能进行操作。

（3）锁定图像像素 ：不能应用“画笔工具”。

（4）锁定位置 ：由于锁定了图层的位置，因此不能使用“移动工具”移动图像。

（5）全部锁定 ：全部锁定后不能对该图层进行任何操作。

（6）填充：与“不透明度”类似，可以调整图像的不透明度，但是“不透明度”用于调整图层整体的不透明度，而“填充”则用于调整除应用样式部分以外的图像区域的不透明度。

案例 8 绘制凤凰木盘——图层样式的应用

案例描述

利用图层样式和图层混合模式制作加入凤凰图案的观赏木盘，效果如图 3-20 所示。

图 3-20　凤凰木盘效果

案例解析

- 利用图层混合模式完成木盘材质的制作。
- 利用图层样式完成木盘形状的制作。
- 利用图层混合模式完成凤凰图案的粘贴。

案例实现

（1）选择“文件→新建”命令，新建大小为 800 像素×800 像素、名称为“凤凰木盘”、分辨率为 150 像素/英寸、背景为黑色的文件，如图 3-21 所示。

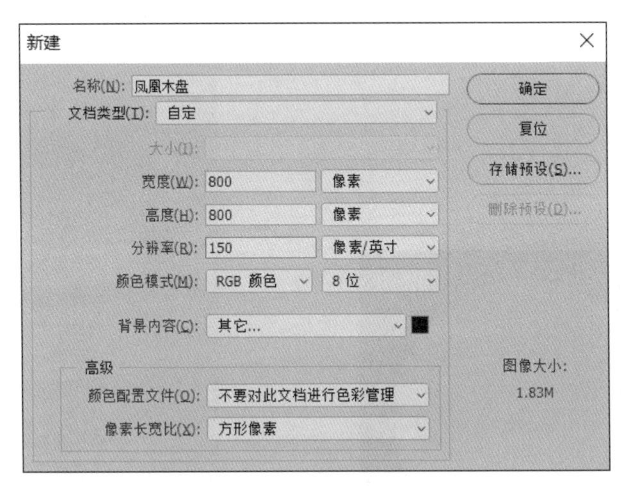

图 3-21　“新建”对话框

（2）设置前景色为#d1c0a5。选择“椭圆工具”，如图 3-22 所示。在“椭圆工具”选项栏中设置填充色为前景色，模式为“形状”，如图 3-23 所示。

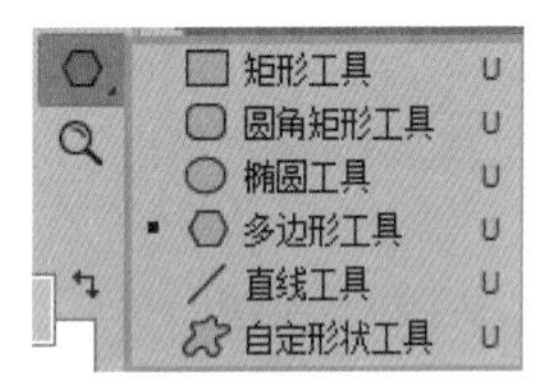

图 3-22 椭圆工具

图 3-23 “椭圆工具”选项栏

（3）在按住【Shift】键的同时按住鼠标左键拖曳，绘制一个圆形，如图 3-24 所示。

（4）在“图层”面板中选择刚刚生成的形状图层“椭圆 1”，按【Ctrl+J】组合键复制该图层，生成新的图层“椭圆 1 拷贝”，如图 3-25 所示。

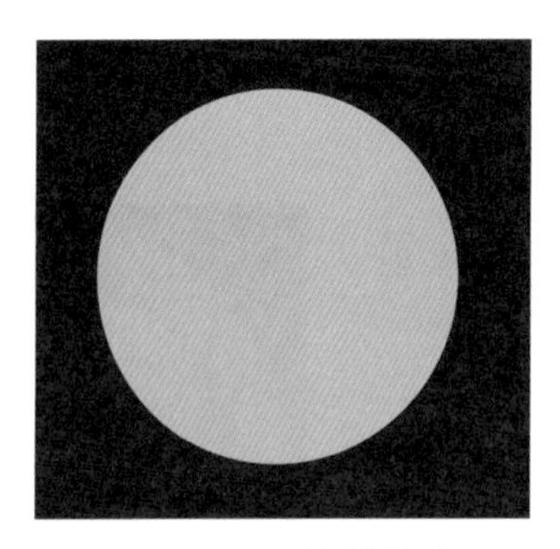

图 3-24 绘制圆形

图 3-25 复制图层

（5）选择“椭圆 1 拷贝”图层，按【Ctrl+T】组合键变换圆形大小。在按住【Alt+Shift】组合键的同时用鼠标拖曳 4 个角上的任意一个控制点，以圆心为基点等比例缩小圆形。按【Enter】键确定，如图 3-26 所示。

（6）选择“椭圆 1 拷贝”图层，单击“添加图层样式”按钮 fx，在弹出的图层样式列表中选择“斜面和浮雕”，如图 3-27 所示。

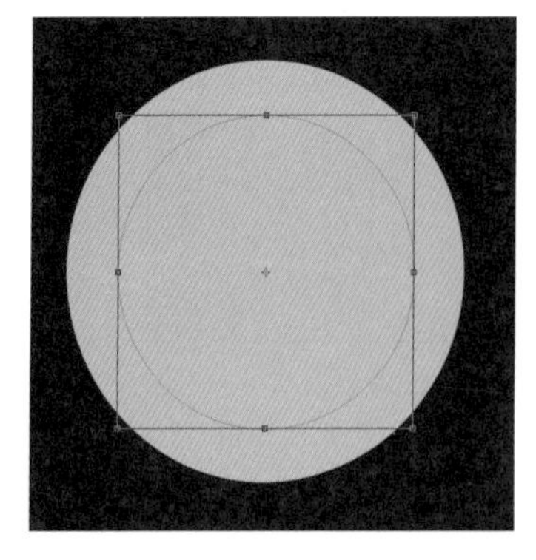

图 3-26 等比例缩小圆形

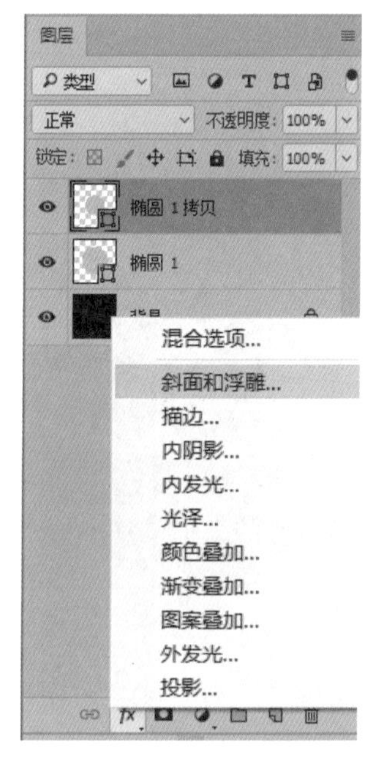

图 3-27 图层样式

（7）在“图层样式”对话框中设置“斜面和浮雕”的参数值，如图 3-28 所示。

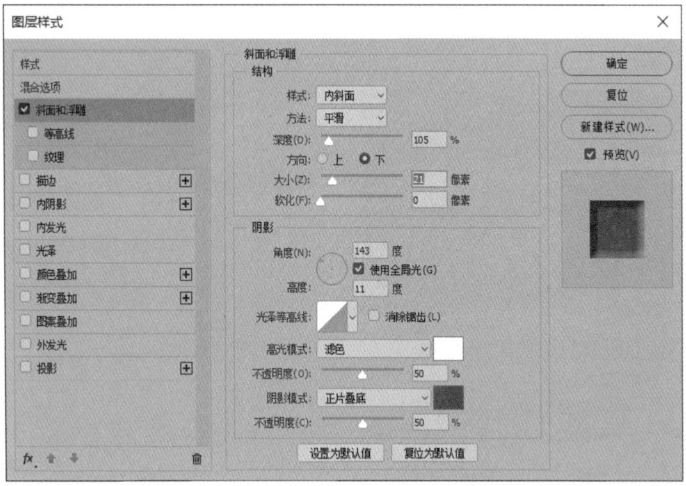

图 3-28　“图层样式”对话框——斜面和浮雕

（8）勾选“描边”选项，设置颜色为#8a795e，参数如图 3-29 所示，效果如图 3-30 所示。

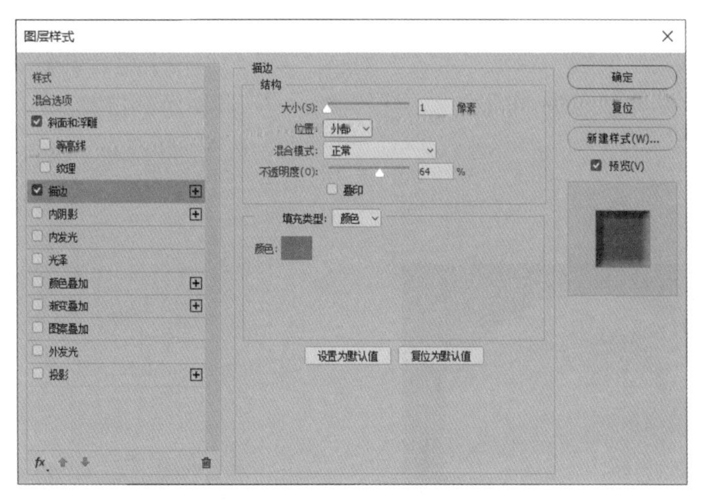

图 3-29　“图层样式”对话框——描边

（9）选择“文件→打开”命令，打开“素材”文件夹中的“木纹”文件。选择“移动工具”，将其移至当前文件“凤凰木盘”图像编辑窗口的适当位置。按【Ctrl+T】组合键放大木纹图片并旋转，如图 3-31 所示。

图 3-30　描边效果图

图 3-31　导入木纹图片

（10）在“图层”面板中双击木纹图片的图层名并修改为“木纹”，如图 3-32 所示。

（11）用鼠标右键单击“木纹”图层名或其右侧空白处，在弹出的快捷菜单中选择“创建剪贴蒙版”命令，如图 3-33 所示，效果如图 3-34 所示。

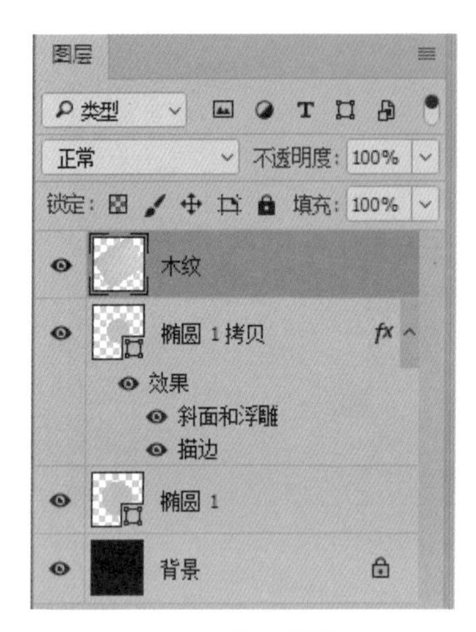

图 3-32　修改图层名

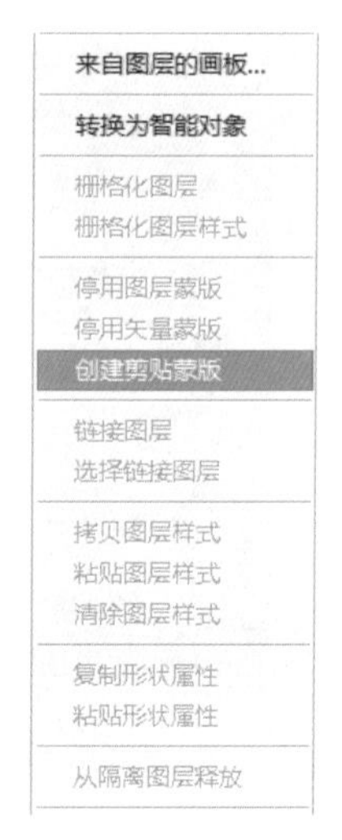

图 3-33　“创建剪贴蒙版”命令

（12）在“图层”面板中单击“木纹”图层，按【Ctrl+J】组合键复制图层，生成“木纹 拷贝”图层，并将“木纹 拷贝”图层移至如图 3-35 所示的位置。

图 3-34　创建剪贴蒙版效果图

图 3-35　复制图层并调整位置

（13）用鼠标右键单击“木纹 拷贝”图层名或其右侧空白处，在弹出的快捷菜单中选择“创建剪贴蒙版”命令，此时“图层”面板如图 3-36 所示，效果如图 3-37 所示。

（14）选择“文件→打开”命令，打开“素材”文件夹中的“凤凰”文件，选择“移动工具”，将凤凰图像移至当前文件“凤凰木盘”图像编辑窗口的适当位置，如图 3-38 所示。

（15）将“图层”面板中的“图层 1”改名为“凤凰”，并将其置顶，如图 3-39 所示。

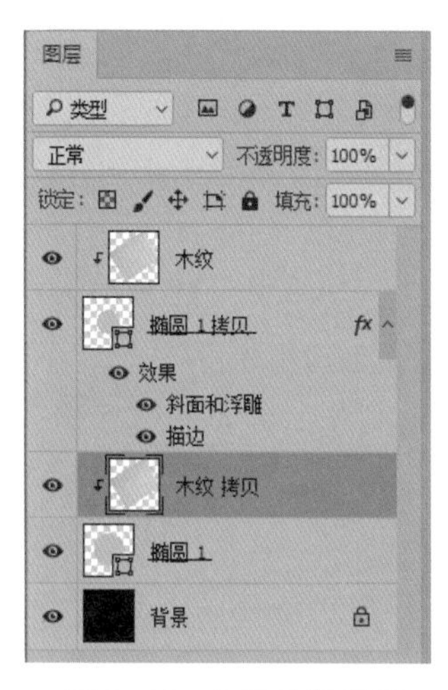

图 3-36　创建剪贴蒙版

图 3-37　创建剪贴蒙版效果图

图 3-38　导入凤凰图像

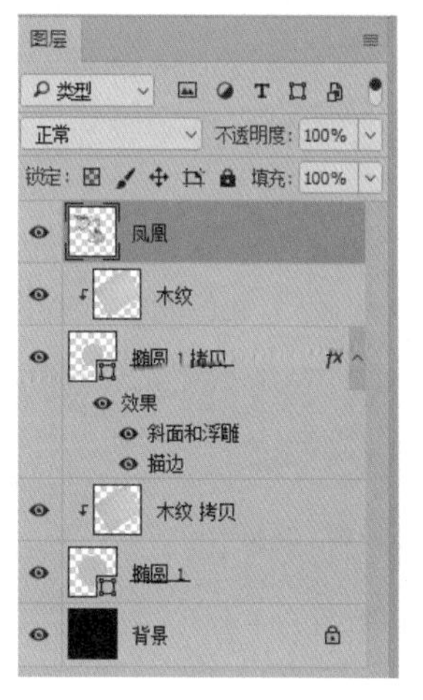

图 3-39　将“凤凰”图层置顶

（16）按【Ctrl+T】组合键缩小凤凰图像并旋转，如图 3-40 所示。

（17）单击“凤凰”图层，将图层混合模式设置为“正片叠底”，如图 3-41 所示。

图 3-40　调整凤凰图像效果图

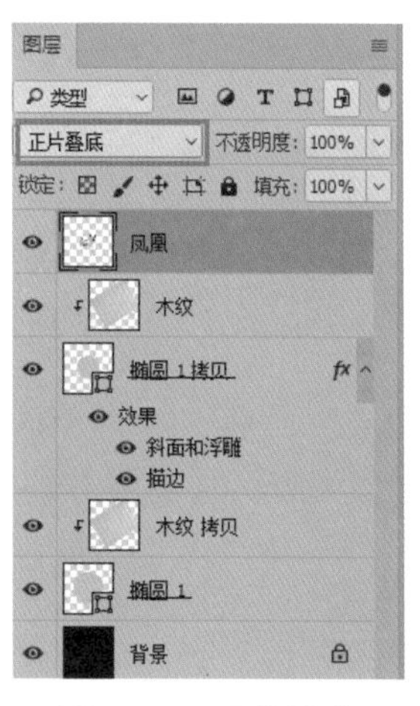

图 3-41　正片叠底

3.4 图层样式

图层样式是 Photoshop CC 比较出色的功能之一，在使用过程中只需要设置几个参数就能得到不错的效果。“图层样式”对话框中包含了 10 种图层样式。图层所添加的图层样式与该图层内容自动链接，当编辑图层内容或复制图层时，图层样式呈现的效果也相应地改变。

1. 添加图层样式

Photoshop CC 提供了许多现成的图层样式并保存在“样式”面板中，添加图层样式时可以直接从“样式”面板中选择已有的样式，也可以根据实际情况自己设计图层样式。为图层添加图层样式，可通过下列任意一种方式进行操作。

（1）在“图层”面板中选择要添加图层样式的图层，然后在“样式”面板中选择想要添加的样式。

（2）在“样式”面板中选择要添加的图层样式，将其拖曳到“图层”面板中要添加图层样式的图层上，如图 3-42 所示，效果如图 3-43 所示。

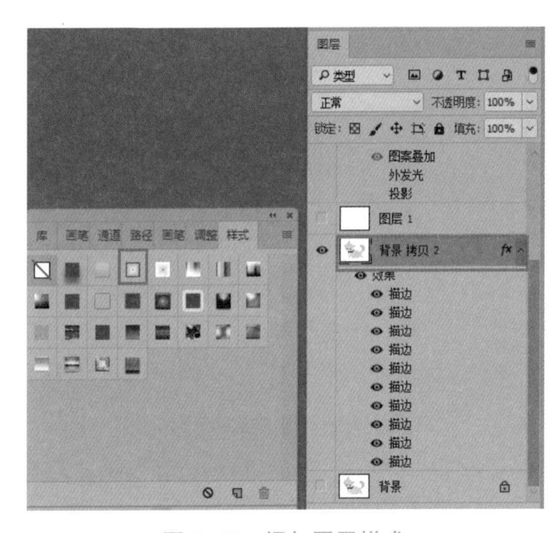

图 3-42　添加图层样式

图 3-43　添加图层样式后的效果

（3）在“样式”面板中选择要添加的样式，将其拖曳到图像编辑窗口中需要添加图层样式的图像上。

（4）单击“图层”面板下方的“添加图层样式”按钮，在弹出的图层样式列表中选择要添加的图层样式，设置合适的参数即可。

2. 详解图层样式

在“图层样式”对话框中，可以选择需要的图层样式，也可以通过参数的设置控制图层的显示效果。下面介绍几种常用的图层样式。

（1）投影：为图层内容添加投影效果。选中“图层样式”对话框中的“投影”选项，打开“投影”的参数设置对话框，如图 3-44 所示，将得到如图 3-45 所示的投影效果。

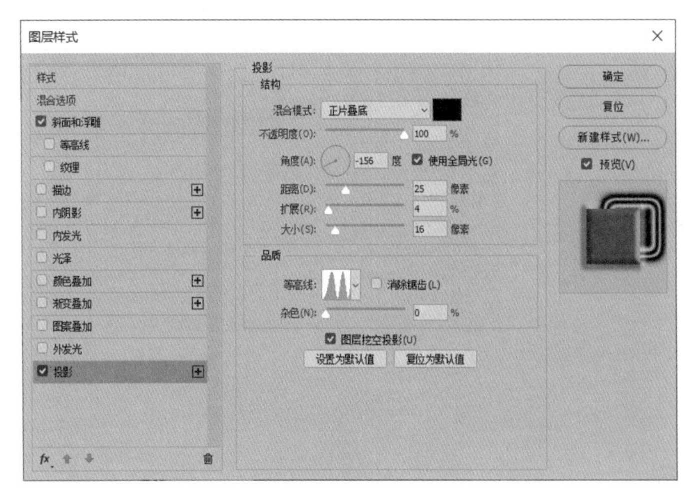

图 3-44 “图层样式”对话框——投影

图 3-45 投影效果

① 混合模式：阴影部分与其他图层的混合模式，单击右侧的拾色器可以更改投影的颜色。

② 不透明度：设置阴影部分的不透明程度。

③ 角度：改变全局光/局部光形成的投影的方向，若选中“使用全局光”复选框则对阴影部分采用全局光进行投射。

④ 距离：设置阴影偏离图像的距离，数值越大，偏离得越远。

⑤ 扩展：设置阴影的强度，100%为实边阴影，默认值为 0%。

⑥ 大小：设置阴影区域的大小。

⑦ 等高线：创造给定区域内特殊的轮廓外观，线型越复杂，效果越特殊。

⑧ 消除锯齿：柔化等高线的锯齿，从而表现不同的平滑程度。

⑨ 杂色：使阴影部分产生斑点效果，数值越大，斑点越明显。

⑩ 图层挖空投影：在默认情况下是被选中的，此时的投影实际上是不完整的，它相当于在投影图像中剪去了投影对象的形状，所看到的只是对象周围的阴影。

（2）内阴影：在图层的内部添加阴影效果，参数类型与“投影”的基本一样，其中“阻塞”选项与“投影”中的“扩展”选项相似，用来设置内阴影的强度。图 3-46 所示为其他参数采用默认值，将“等高线”进行调整后得到的内阴影效果。“等高线”的设置如图 3-47 所示。

（3）外发光：在图像的外边缘添加光环效果，也可以将图层对象从背景中分离出来。可为图像设置纯色的外发光效果和渐变色的外发光效果。图像的外发光效果如图 3-48 所示。

（4）内发光：在图像的内边缘添加发光效果，发光位置有“居中”和“边缘”两种，不同的发光位置带来的发光效果也不同。发光位置为“边缘”的内发光效果如图 3-49 所示。

图 3-46　内阴影效果

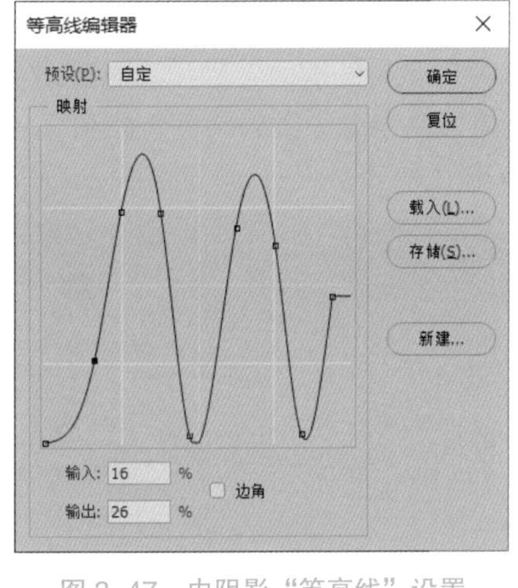

图 3-47　内阴影“等高线”设置

图 3-48　外发光效果

图 3-49　内发光效果

（5）斜面和浮雕：通过在图像的边缘添加高光和阴影，使图层的边缘产生立体斜面和浮雕效果。“斜面和浮雕”的参数设置对话框如图 3-50 所示，效果如图 3-51 所示。

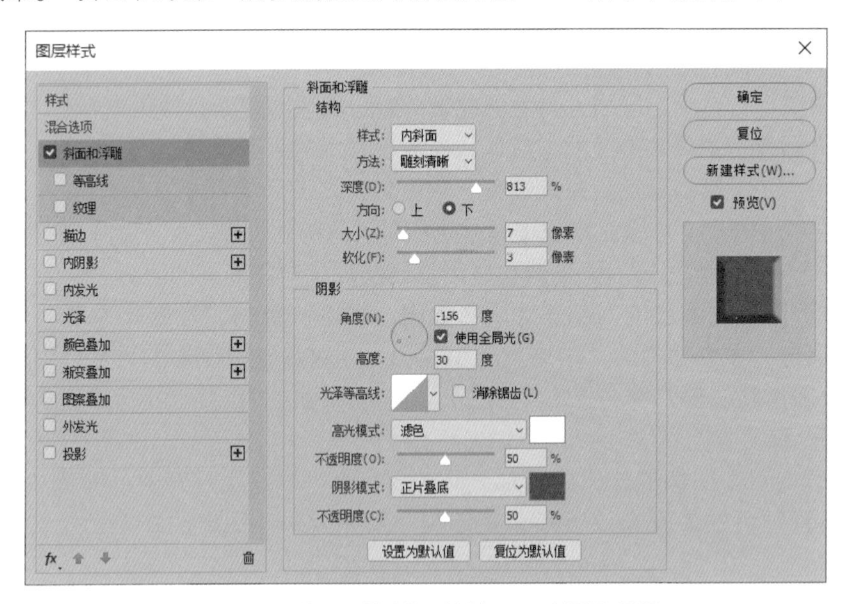

图 3-50　“图层样式”对话框——斜面和浮雕

① 样式：设置斜面和浮雕效果的样式，有“外斜面”“内斜面”“浮雕”“枕状浮雕”和“描边浮雕” 5 种类型。

② 方法：设置斜面和浮雕效果的边缘风格。

③ 深度：设置斜面和浮雕效果的凸起/凹陷程度。

④ 光泽等高线：创建类似于金属表面的光泽外观，它不但影响图层效果，而且影响图层内容本身。

⑤ 高光模式和不透明度：设置高光部分的混合模式、颜色和不透明度。

⑥ 阴影模式和不透明度：设置阴影部分的混合模式、颜色和不透明度。

（6）光泽：用来在图层内容上根据图层的形状应用阴影形成各种光泽。采用默认值时的光泽效果如图 3–52 所示。

图 3–51　斜面和浮雕效果

图 3–52　光泽效果

（7）叠加类样式：包括“颜色叠加”“渐变叠加”和“图案叠加”3 个样式，分别将颜色、渐变色和图案添加到图像上。颜色叠加、渐变叠加和图案叠加效果分别如图 3–53~图 3–55 所示。

图 3–53　颜色叠加效果

图 3–54　渐变叠加效果

图 3–55　图案叠加效果

（8）描边：为图层中的图像添加边缘轮廓，可以用颜色、渐变和图案 3 种方式为当前图层添加描边效果。

3. 管理图层样式

图层样式的管理与图层的基本操作相同，包括创建图层样式、隐藏/显示图层样式、删除图层样式及复制图层样式。在创建图层样式、隐藏/显示图层样式和删除图层样式时，需要注意区分操作的对象是某种样式还是图层的整体效果。图层样式的创建方法如下。

（1）选择“窗口→样式”命令，打开“样式”面板。要创建图层中的样式效果，可首先选中该图层（注意隐藏不必要的样式效果），然后单击“样式”面板下方的“创建新样式”按钮或单击“样式”面板的空白处，会弹出“新建样式”对话框，如图 3–56 所示，输入样式名称，最后单击“确定”按钮。

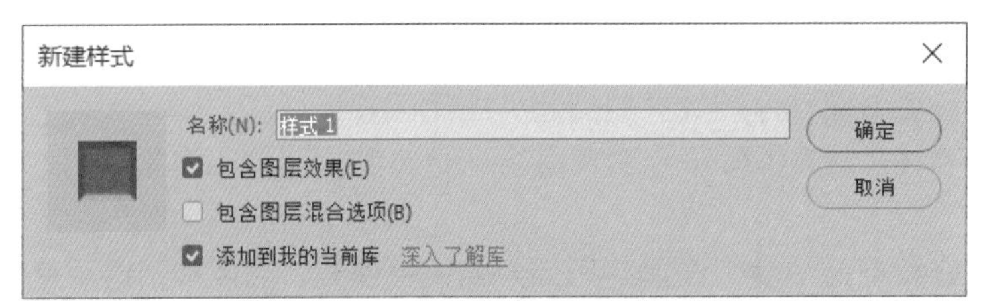

图 3-56 “新建样式”对话框

（2）在“图层”面板中双击“效果”行，在弹出的“图层样式”对话框中单击“新建样式”按钮，同样会弹出“新建样式”对话框。

案例 9 抠取人物换背景——通道抠图的应用

案例描述

利用通道抠取凌乱的头发，为如图 3-57 所示的人物更换背景，效果如图 3-58 所示。

图 3-57 原图

图 3-58 抠取人物换背景效果

案例解析

- 利用通道与色阶调整制作人物选区。
- 利用图层样式及色阶修正图像。

案例实现

（1）打开素材文件“人物”，打开“通道”面板，选择蓝色通道。

（2）选择“图像→计算”命令，弹出如图 3-59 所示的“计算”对话框。对话框中两个参与计算的通道都是“背景”图层的红色通道，计算的混合方式是“深色”，反相计算的结果保存在新建通道中，单击“确定”按钮后，将在“通道”面板中出现 Alpha 通道，如图 3-60 所示。

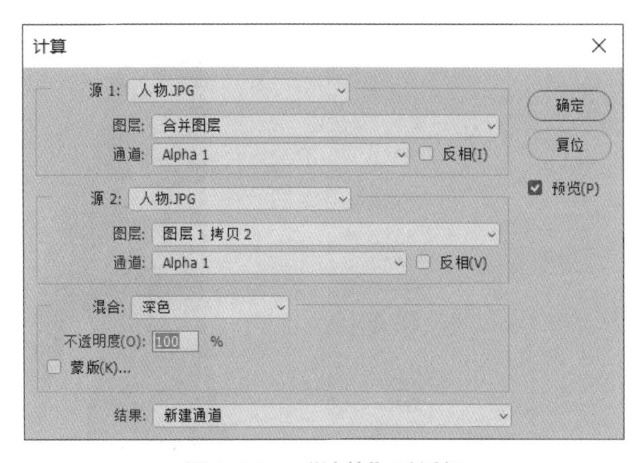

图 3-59 “计算”对话框

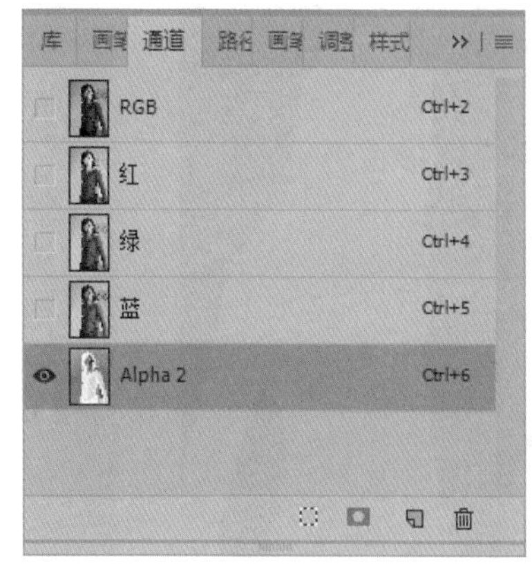

图 3-60 新建 Alpha 通道

（3）单击 Alpha 通道，选择“图像→调整→色阶”命令，将弹出如图 3-61 所示的“色阶”对话框，在该对话框中拖曳“输入色阶”的黑色和白色滑块，调节通道中黑色与白色的范围，使人物轮廓清晰。注意：为避免细节丢失过多，调节不要太过，要保证凌乱的头发清晰可见。调整后的通道如图 3-62 所示。

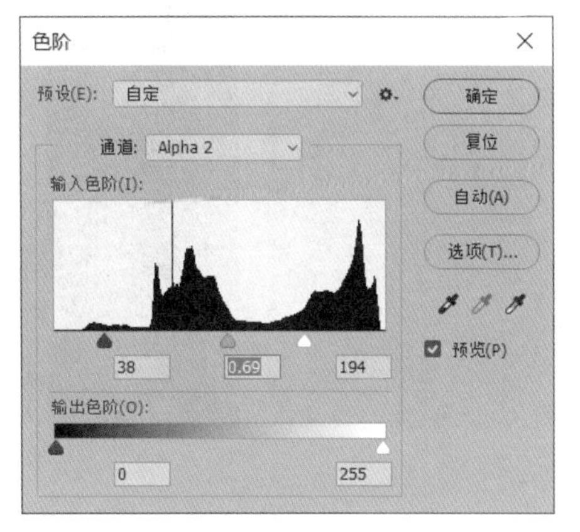

图 3-61 “色阶”对话框

图 3-62 调整后的 Alpha 通道

（4）设置前景色为白色，选择“画笔工具”，设置合适大小的笔刷，在人物轮廓以内进行涂抹，将整个人物区域涂抹成白色。设置前景色为黑色，使用“画笔工具”将背景中的零星灰色涂成黑色，效果如图 3-63 所示。

（5）单击“通道”面板下方的“将通道作为选区载入”按钮，如图 3-64 所示，将通道转换为选区。激活“图层”面板，单击“背景”图层，按【Ctrl+J】组合键复制选中的区域，得到抠取出来的人物，如图 3-65 所示。

（6）打开“素材”文件夹中的“海岸”，选择“移动工具”，将抠取出来的人物移至“海岸”文件中，生成“图层 1”。为“图层 1”添加“外发光”图层样式，如图 3-66 所示。

（7）为了使人物光线与背景光线一致，水平翻转人物。单击“图层”面板中的“图层 1”，按【Ctrl+T】组合键，在人物选框中单击鼠标右键，在弹出的快捷菜单中选择“水平翻转”命令，如图 3-67 所示。

图 3-63　涂色后的效果图

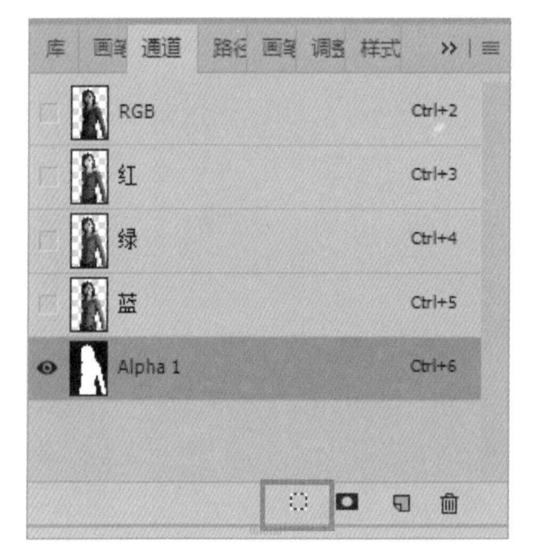

图 3-64　“将通道作为选区载入”按钮

图 3-65　抠取出来的人物

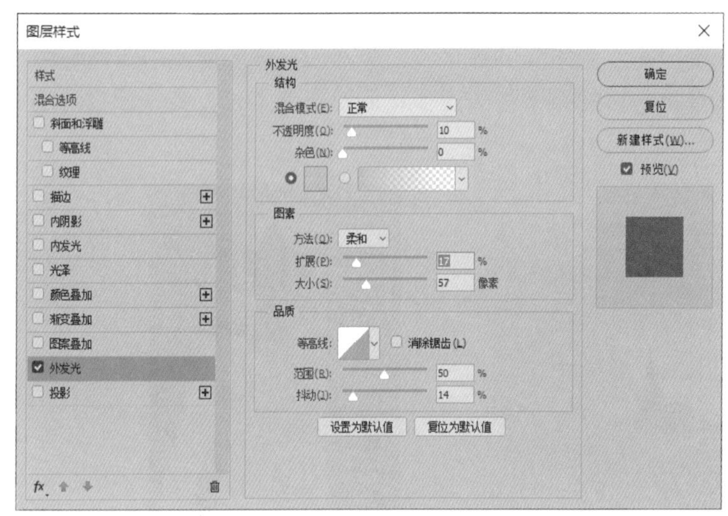

图 3-66　外发光图层样式

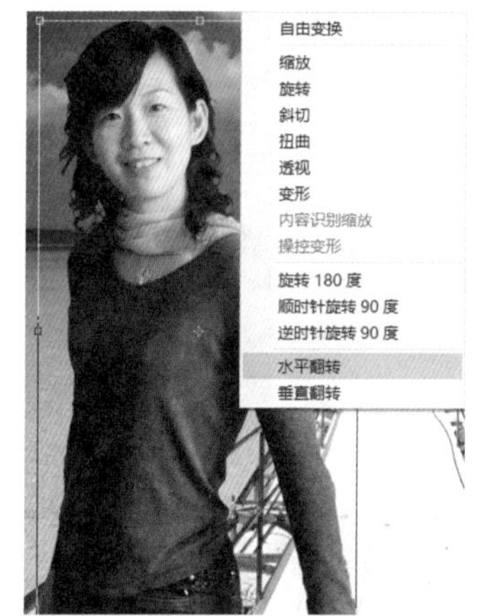

图 3-67　“水平翻转”命令

（8）按【Ctrl+L】组合键，在弹出的“色阶”对话框中调节色阶，如图 3-68 所示，得到如图 3-69 所示的效果。

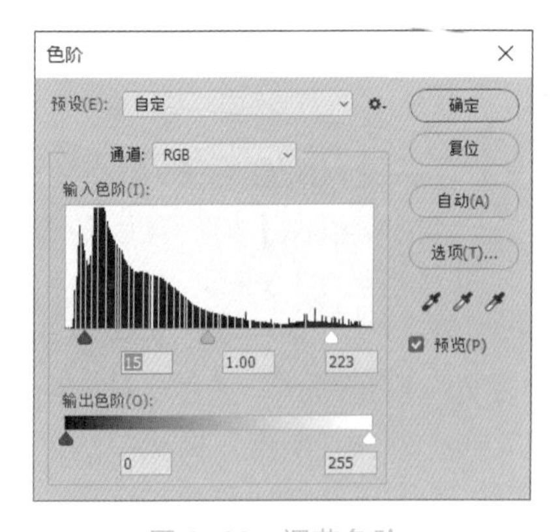

图 3-68　调节色阶

图 3-69　调节色阶后的效果图

（9）继续调整图像，效果可参考图 3-58。

✔ **提示**

几个常用的快捷键如表 3-1 所示。

表 3-1 常用的快捷键

快 捷 键	作 用
Ctrl+L	调整色阶
Ctrl+I	反相
Ctrl+J	复制图层或图层中选中的内容
Ctrl+D	取消选区
Alt+Delete	前景色填充
Ctrl+Delete	背景色填充

3.5 通道

在 Photoshop CC 中，通道用来存放图像的颜色信息和自定义的选区，可以使用通道来制作特殊选区以辅助制图，也可以通过改变通道中的颜色信息来调整图像的色调。

1. 通道类型

通道作为图像的组成部分，与图像格式密不可分。图像格式的不同决定了通道的数量和模式也不同。例如，在 RGB 颜色模式下共有 4 个通道：RGB、红（R）、绿（G）和蓝（B）。通道主要有以下几种类型。

（1）复合通道。复合通道不包含任何信息，实际上它只是同时预览并编辑所有颜色通道的一个快捷方式。它通常在单独编辑完成一个或多个颜色通道后，使“通道”面板回到默认状态。对于 RGB 颜色模式而言，它的复合通道就是 RGB 通道；对于 CMYK 颜色模式而言，它的复合通道就是 CMYK 通道；而对于 Lab 颜色模式而言，它的复合通道就是 Lab 通道。

（2）颜色通道。在 Photoshop CC 中编辑图像时，实际上就是在编辑颜色通道。颜色通道用于保存图像的颜色信息，不同颜色模式的图像对应的颜色通道的数量也不同。RGB 颜色模式有红（R）、绿（G）、蓝（B）3 个颜色通道；CMYK 颜色模式有青（C）、洋红（M）、黄（Y）和黑（K）4 个颜色通道；Lab 颜色模式有 L（明度）、a、b 3 个颜色通道。

（3）专色通道。专色是一类预先混合好的颜色，用来弥补四色印刷的缺点。专色通道作为一种特殊的颜色通道，可以使用除青、洋红、黄和黑以外的颜色来绘制图像。

（4）Alpha 通道。Alpha 通道用来保存选区，它可以将选区存储为灰度图像。在 Alpha 通道中，白色代表被选择的区域，黑色代表未被选择的区域，灰色则代表被部分选择的区域，即羽化区域。在 Alpha 通道中，还可以编辑选区，用白色涂抹通道可以扩大选区的范围，用黑色涂抹通道可以收缩选区的范围，用灰色涂抹通道则可以增加羽化的范围。

除 PSD 格式以外，GIF 和 TIFF 格式的文件也都可以保存 Alpha 通道，而 GIF 文件还可以用 Alpha 通道进行文件的去背景处理。

（5）单色通道。单色通道是用来存储一种颜色信息的通道，一些高级的调色操作都是在单色通道中进行的。这种通道比较特别，也可以说是非正常的。如果在“通道”面板中随便删除其中一个通道，就会发现所有通道都显示为“黑白”的了，原有的彩色通道即使不删除也显示为灰色的。

（6）临时通道。临时通道是在快速蒙版或图层蒙版状态时暂时存在的通道，当脱离这两个状态时这些通道就会消失，但是可以在临时通道存在的状态下将其保存为 Alpha 通道，以便对其进行其他的编辑操作。

2. “通道”面板的使用

Photoshop CC 中提供的“通道”面板主要用来创建、编辑和管理通道，也可以用来监视编辑图像的效果。“通道”面板下方的“将通道作为选区载入”按钮用于将通道内的白色区域或颜色较淡的区域作为选区载入；“将选区存储为通道”按钮则用于将当前选择的区域存储为 Alpha 通道，只有当图层或通道中有选择区域时该按钮才被激活。

（1）使通道显示为彩色。在默认状态下，“通道”面板中的单色通道均显示为灰色。用户可以通过设置选项，使通道显示为彩色，如图 3-70 所示。选择“编辑→首选项→界面”命令，在弹出的如图 3-71 所示的“首选项”对话框中选中“用彩色显示通道”复选框，便可以使通道显示为彩色。

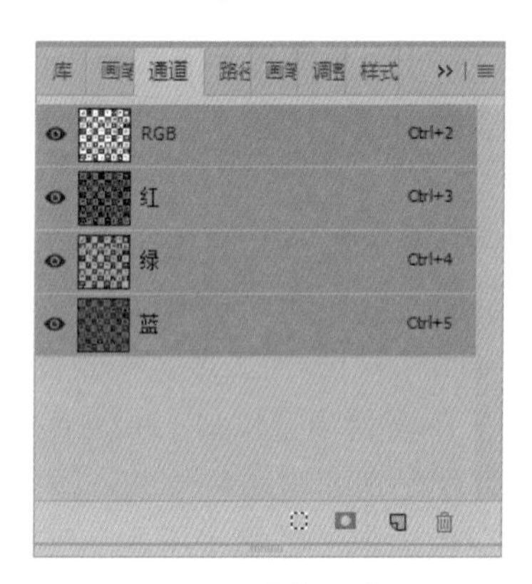

图 3-70　彩色通道

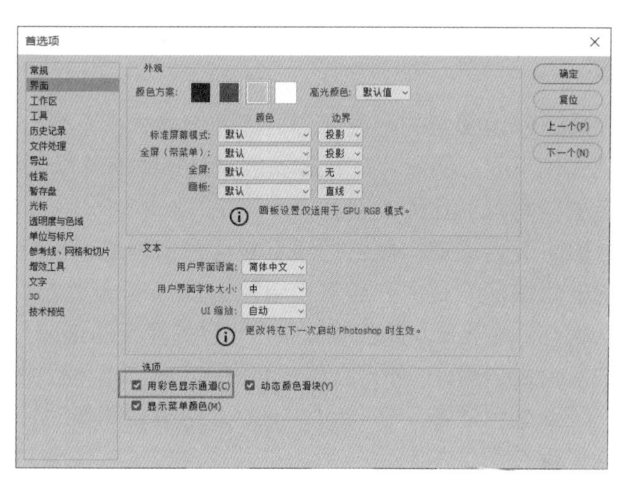

图 3-71　“首选项”对话框

（2）分离通道。使用“分离通道”命令可以将多个通道的拼合图像分离为单独的图像。分离通道后会得到 3 个通道，它们都是灰度图像，源文件则被关闭。可利用该方法在不能保存通道的文件格式中保留单个通道信息。

单击“通道”面板右上角的按钮，在其下拉菜单中选择“分离通道”命令即可将通道分离，如图 3-72 所示。RGB 图像通道分离后的效果如图 3-73 所示。

（3）合并通道。合并通道与分离通道的效果正好相反，使用“合并通道”命令可以将多个灰度图像合并成一个图像。执行该操作时，用来合并的图像必须是灰度模式、具有相同的像素尺寸，还要处于打开状态。打开“素材”文件夹中的“hb1”“hb2”“hb3”文件，单击“通道”面板右上角的≡按钮，在其下拉菜单中选择“合并通道”命令，弹出“合

并通道”对话框，如图 3-74 所示。单击“确定”按钮，弹出“合并 RGB 通道”对话框，如图 3-75 所示。

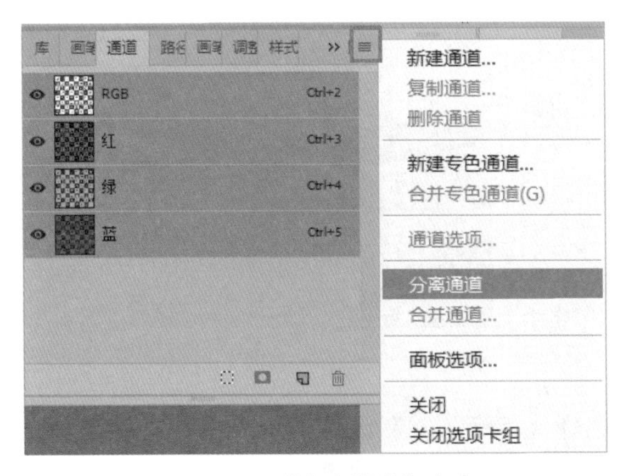

图 3-72　“分离通道”命令

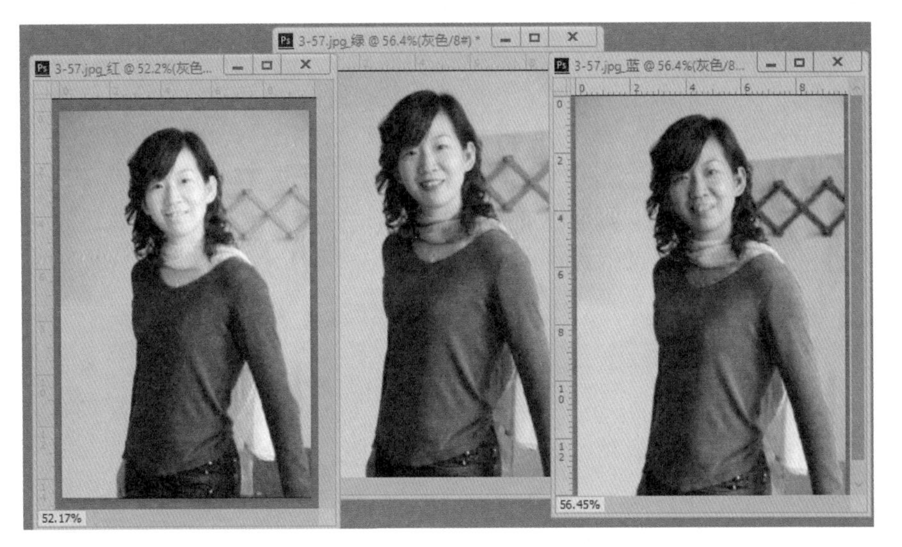

图 3-73　RGB 图像通道分离后的效果

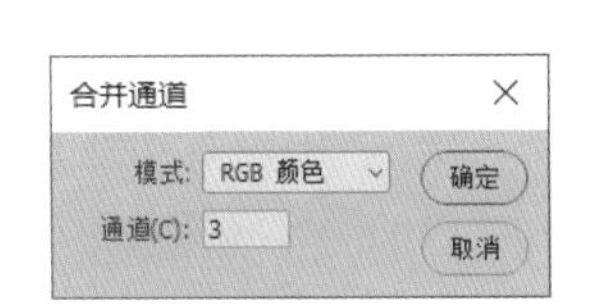

图 3-74　“合并通道”对话框

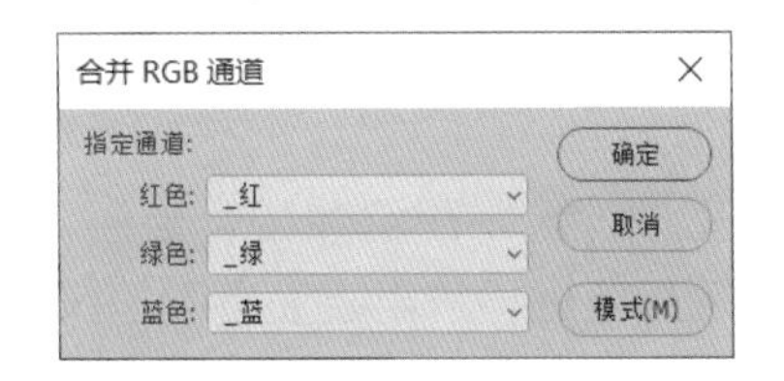

图 3-75　“合并 RGB 通道”对话框

3. 创建 Alpha 通道

在所有通道中，Alpha 通道的使用频率最高，其最重要的功能是保存并编辑选区。Photoshop CC 提供了多种创建 Alpha 通道的方法，下面介绍常用的几种。

（1）创建新 Alpha 通道。单击“通道”面板下方的“创建新通道”按钮可快速创建一个默认的 Alpha 通道，这个 Alpha 通道被填充为黑色。

如果要进行参数设置，则可以在按住【Alt】键的同时单击“创建新通道”按钮，或者单击“通道”面板右上角的按钮，在其下拉菜单中选择“新建通道”命令，弹出如图 3-76 所示的对话框。

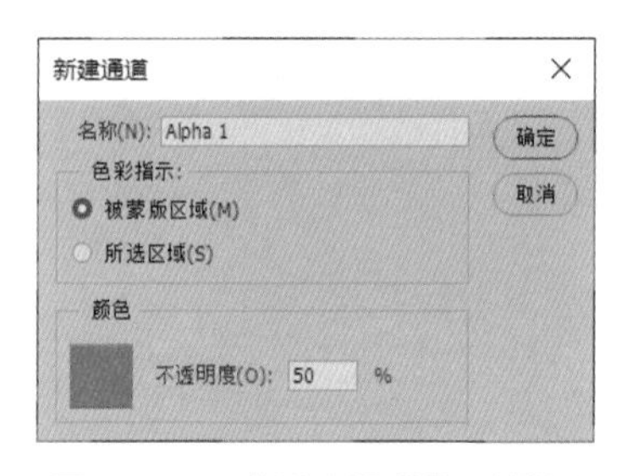

图 3-76 “新建通道”对话框

① 被蒙版区域：选择此单选项，新建通道显示为黑色，白色区域对应选区。

② 所选区域：选择此单选项，新建通道显示为白色，黑色区域对应选区。

（2）用选区创建 Alpha 通道。在选区存在的情况下，单击“通道”面板下方的“将选区存储为通道”按钮，则该选区自动保存为新的 Alpha 通道，通道中白色的部分对应选区，黑色的部分则对应未选中的区域，羽化选区的边缘在通道中以柔和灰色显示。

（3）将选区保存为 Alpha 通道并同时进行运算。选择“选择→存储选区”命令，将弹出如图 3-77 所示的对话框，同样可以将选区保存为通道。与方法（2）不同的是，如果当前文件中存在 Alpha 通道，则可以在弹出的对话框中将当前要保存的选区与 Alpha 通道进行运算，从而得到更为复杂的 Alpha 通道，如图 3-78 所示。

图 3-77 “存储选区”对话框 1

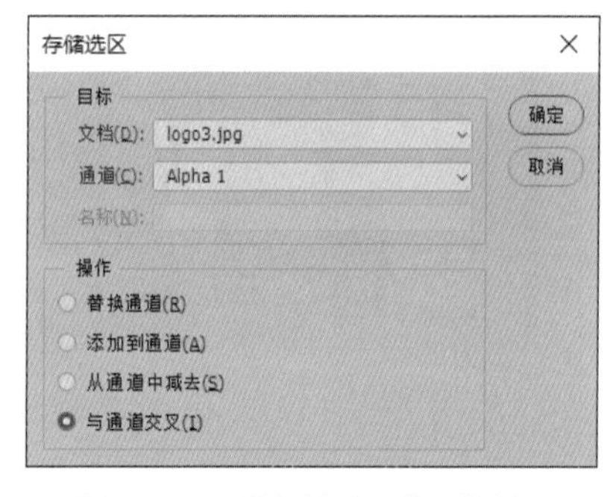

图 3-78 “存储选区”对话框 2

对比图 3-77 和图 3-78 会发现，当在“通道”下拉列表框中选择“新建”时，需要设置通道名称，且只能进行“新建通道”的操作；当选择已有的 Alpha 通道时，则所有操作都可选，此时的“新建通道”操作将用当前选区替换原有通道内容。

（4）用快速蒙版创建 Alpha 通道。当工作在快速蒙版状态时，“通道”面板中将会出现一个名为“Alpha”的暂存通道，当将工作状态切换到默认状态时，这个通道将会消失。将此通道拖曳到“创建新通道”按钮上则可以将其保存为 Alpha 通道。

（5）载入通道中的选区。在“通道”面板中选择要载入选区的通道，然后单击“将通道作为选区载入”按钮，如图 3-79 所示，即可载入通道中的选区。在按住【Ctrl】键的同时单击通道缩览图也可以载入通道中的选区。

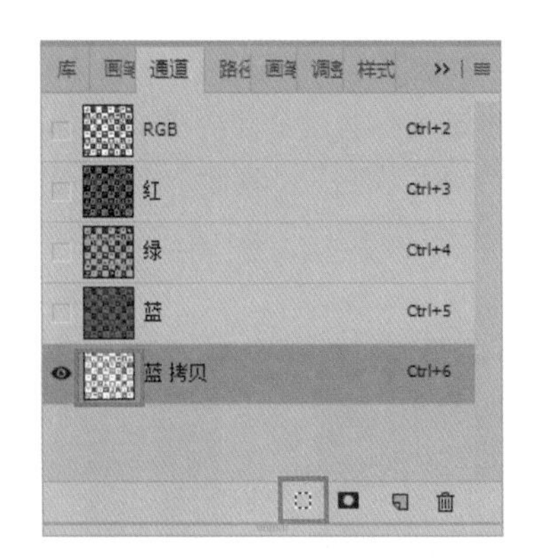

图 3-79 “将通道作为选区载入”按钮

案例 10 制作海市蜃楼效果——蒙版的应用

案例描述

利用图层蒙版制作海市蜃楼的幻化效果，如图 3-80 所示。

图 3-80 海市蜃楼效果图

案例解析

- 熟练使用“渐变工具”。
- 利用图层蒙版、“渐变工具”和“画笔工具”制作幻化效果。

案例实现

（1）选择“文件→新建”命令，新建一个大小为 1024 像素×768 像素、分辨率为 150 像素/英寸的文件，命名为“海市蜃楼”。选择“文件→打开”命令，打开“素材”文件夹中的“背景”文件，选择“移动工具” ，将“背景”图片移至“海市蜃楼”图像编辑窗口中。

（2）双击“图层”面板中的“图层 1”文件名，将图层名改为“背景”。

（3）按【Ctrl+T】组合键缩小图像，在按住【Shift】键的同时用鼠标左键拖曳 4 个控制点，缩小“背景”图层，使其与画布大小一致，如图 3-81 所示。

（4）选择“文件→打开”命令，打开“素材”文件夹中的“楼宇”文件，选择“移动工具”，将楼宇图像移至“海市蜃楼”图像编辑窗口的合适位置。按【Ctrl+T】组合键放大图像，如图 3-82 所示。

图 3-81 调整图像大小

图 3-82 将导入的图像放到合适的位置并放大

（5）在“图层”面板中单击“添加图层蒙版”按钮，为“楼宇”图层添加图层蒙版，如图 3-83 所示。

（6）按【D】键，将前景色设置为黑色，将背景色设置为白色。在左侧的工具栏中选择“渐变工具”，在楼宇图片上从上往下按住鼠标左键拖曳，效果如图 3-84 所示。

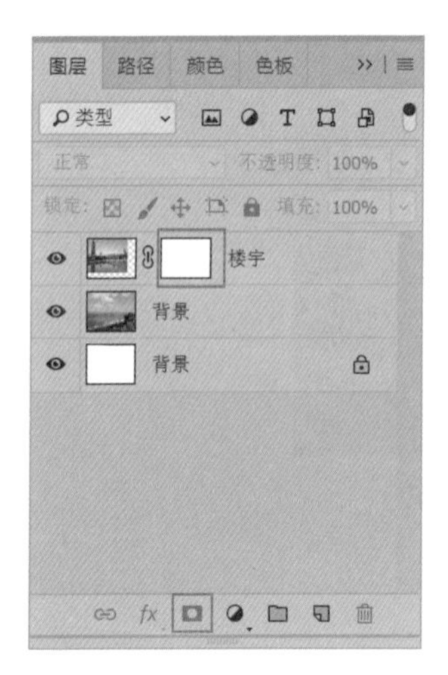

图 3-83 添加图层蒙版

图 3-84 使用黑白渐变

（7）将前景色设置为黑色，在左侧的工具栏中选择“画笔工具”，在属性栏中设置画笔的大小为 417 像素，硬度为 0%，如图 3-85 所示。

（8）使用“画笔工具”在楼宇图像上涂抹，将图像右侧的边缘和上方的天空去掉从而与背景图像融为一体，如图 3-86 所示。

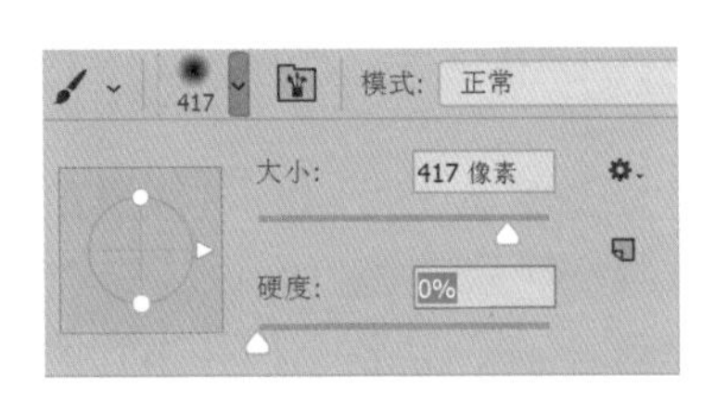

图 3-85　设置画笔参数

图 3-86　使用“画笔工具”涂抹

（9）如图 3-87 所示，为蒙版渐变及使用画笔涂抹后的效果。

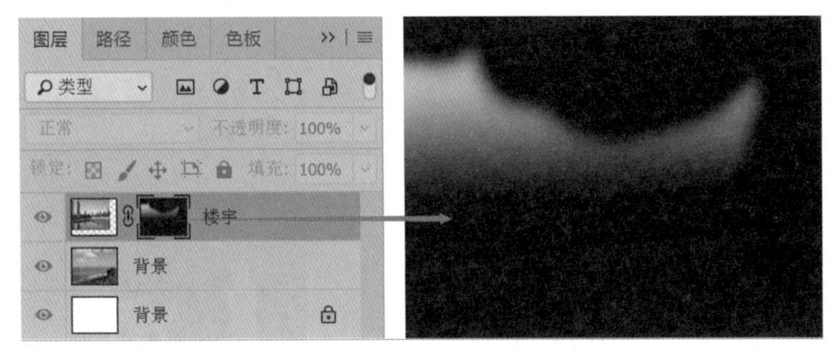

图 3-87　蒙版渐变及使用画笔涂抹后的效果

案例11 变换背景——蒙版与选区的应用

案例描述

利用色彩范围生成选区，结合“画笔工具”生成蒙版，如图 3-88 所示。

图 3-88　变换背景效果图

案例解析

- 熟练利用“色彩范围”命令创建选区。
- 利用图层蒙版和“画笔工具”进行抠图。

案例实现

（1）选择“文件→打开”命令，打开“素材”文件夹中的“背景一”“背景二”文件。选择“移动工具”，将“背景二”文件中的“背景”图层移至“背景一”文件的图像编辑窗口中，如图 3-89 所示。

（2）使用“色彩范围”命令将小孩和小狗部分生成选区。将小孩所在图层改名为“人物”。在“图层”面板中单击“人物”图层，选择“选择→色彩范围”命令。在“色彩范围”对话框中单击“添加到取样”按钮，不断单击小孩和小狗，直到小孩和小狗的大部分都变成白色，调整“颜色容差”，效果如图 3-90 所示。

图 3-89　将“背景二”文件的“背景”图层移至“背景一”文件中

图 3-90　“色彩范围”对话框

（3）使用“色彩范围”命令后，可以看到小孩、小狗、海滩周围出现了蚂蚁线，即生成了选区，如图 3-91 所示。但是，小狗身上的黑点、小孩的裤子部分没有显示全。

（4）在“图层”面板中单击“添加图层蒙版”按钮，为“人物”图层添加蒙版，如图 3-92 所示。

图 3-91　生成选区

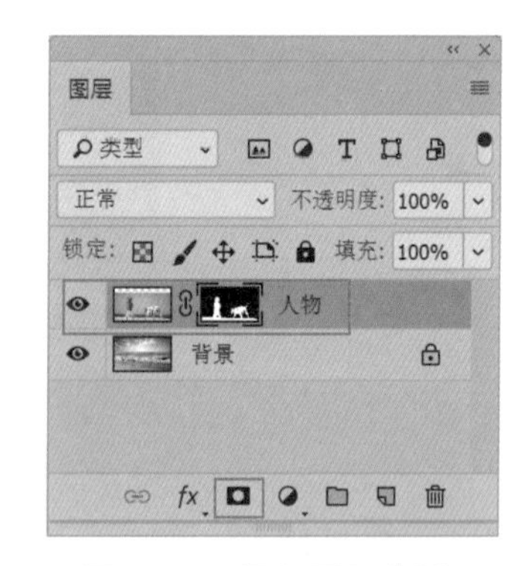

图 3-92　添加图层蒙版

（5）效果如图 3-93 所示，可以看到沙滩没有去掉。接下来需要对蒙版进行调整。

图 3-93　添加蒙版后的效果

（6）在按住【Alt】键的同时单击“人物”图层蒙版缩览图，进入蒙版编辑状态，如图 3-94 所示。

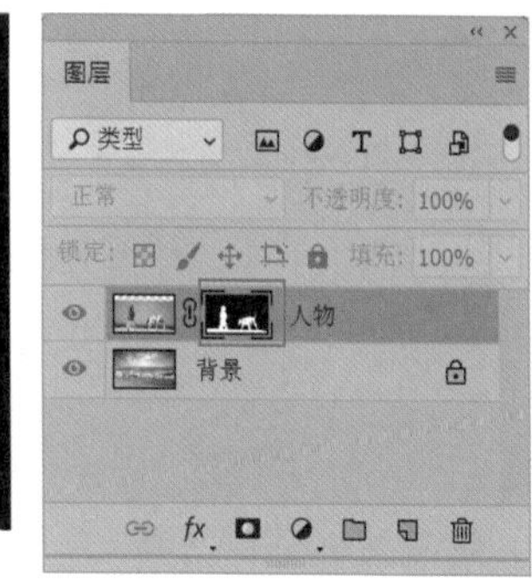

图 3-94　蒙版编辑状态及对应的“图层”面板

（7）按【D】键将前景色变为白色，单击工具栏中的“画笔工具”，在属性栏中调整画笔大小和硬度，如图 3-95 所示。

（8）使用画笔将小孩、小狗区域中的黑色部分填充为白色。按【X】键，将前景色变为黑色，使用黑色画笔将黑色区域中的白色部分填充为黑色，如图 3-96 所示。

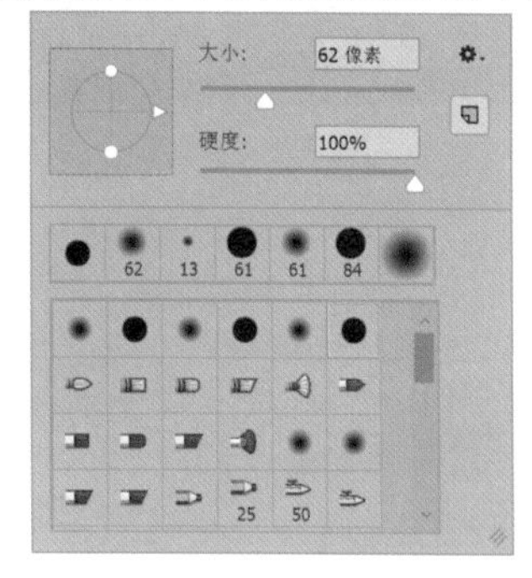

图 3-95　调整画笔

图 3-96　修改蒙版

（9）单击“图层”面板中的“人物”图层缩览图，如图 3-97 所示。

图 3-97　添加蒙版后的图像效果及其对应的“图层”面板

（10）在人物腿部还有部分沙滩没有去掉，如图 3-98 所示，将图片放大，使用“快速选择工具”选择沙滩部分后，单击“人物”图层蒙版缩览图将选区填充为黑色。

（11）小孩及小狗的部分被填充为白色，其余部分被填充为黑色，如图 3-99 所示。

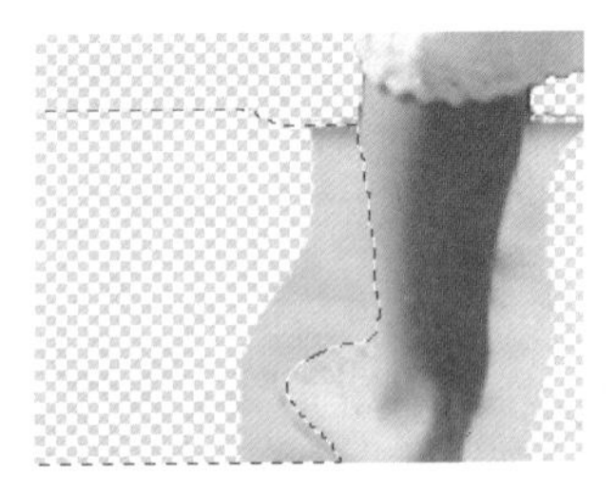

图 3-98　使用“快速选择工具”选择区域

图 3-99　蒙版缩览图

（12）完成整体效果如图 3-100 所示。

（13）通过这种方法，可以任意变换背景图形，如图 3-101 所示。

图 3-100　完成效果

图 3-101　变换背景效果

3.6 蒙版

Photoshop CC 的蒙版是将不同的灰度色值转换为不同的透明度，并作用于它所在的图层，使图层不同位置的透明度产生相应的变化。在蒙版中，黑色代表完全透明，白色代表完全不透明，灰色代表半透明。

蒙版具有如下优点。

（1）方便修改，不会产生使用橡皮擦或剪切、删除造成的遗憾。

（2）可运用不同滤镜，以产生一些意想不到的特殊效果。

（3）任何一张灰度图像都可以作为蒙版。

蒙版的类型：快速蒙版、图层蒙版、矢量蒙版和剪贴蒙版。

1. 快速蒙版

快速蒙版是一个临时性的蒙版。利用快速蒙版能够快速创建一个不规则的选区，被选取的和未被选取的区域以不同的颜色进行区分。当离开快速蒙版模式时，选取的区域转换为选区，蒙版自动消失。

（1）单击工具栏中的“以快速蒙版模式编辑”按钮，进入快速蒙版编辑状态，选择“画笔工具”，在需要选择的对象上涂抹，如图 3-102 所示。此时“通道”面板中会出现一个临时通道，以斜体显示，如图 3-103 所示。

（2）单击工具栏中的“以标准模式编辑”按钮，可以将画笔涂抹以外的部分转换为选区，同时“通道”面板中的临时通道消失。

（3）单击“通道”面板右上角的按钮，在其下拉菜单中选择“快速蒙版选项”命令，弹出如图 3-104 所示的对话框。

图 3-102 快速蒙版编辑状态

图 3-103 临时通道

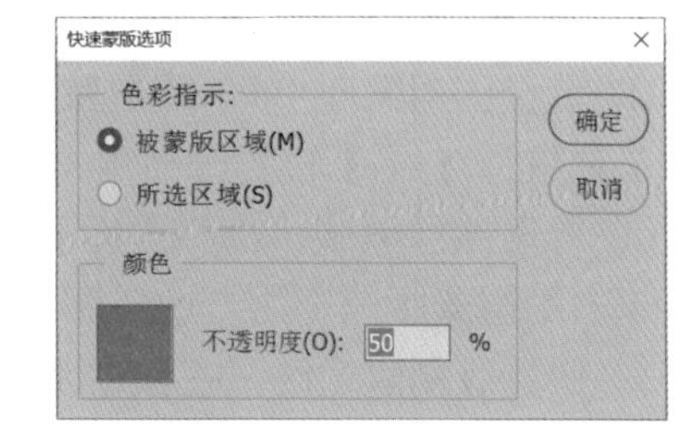

图 3-104 “快速蒙版选项”对话框

① 被蒙版区域：默认状态下的“色彩指示”选项，涂抹的区域不生成选区。

② 所选区域：选择此单选项，涂抹的区域生成选区。

③ 颜色：单击拾色器，可以设置蒙版的颜色。

（4）使用“画笔工具”或“填充工具”可以编辑快速蒙版。当用白色涂抹时，红色的蒙版区域变透明，表示减小蒙版区域；当用黑色涂抹时，涂抹区域呈红色，表示增大蒙版区域。

2. 图层蒙版

图层蒙版可以控制当前图层不同区域的透明度，通过修改图层蒙版，可以制作各种特殊效果。图层蒙版最大的优点是在显示或隐藏图像时，所有操作均在蒙版中进行，不会影响图层中的图像内容。

图层蒙版以灰度模式显示，其中，白色部分对应的该图层的内容完全显示，黑色部分对应的该图层的内容完全隐藏，中间灰色部分对应的是该图层的内容产生的相应的透明效果。需要注意的是，“背景”图层是不能添加图层蒙版的。

（1）创建图层蒙版。在 Photoshop CC 中，有多种创建图层蒙版的方法，可根据不同的情况来决定使用哪种方法。

① 直接添加图层蒙版：在没有选区存在的情况下，单击“图层”面板下方的“添加图

层蒙版”按钮■，或者选择“图层→图层蒙版→显示全部”命令来创建图层蒙版，在此情况下创建的图层蒙版呈白色。

② 依据选区添加图层蒙版：在选区存在的情况下，单击“图层”面板下方的“添加图层蒙版”按钮■，或者选择“图层→图层蒙版→显示选区”命令，可得到显示当前选区限定范围内的图像的蒙版效果。

③ 通过“贴入”命令添加图层蒙版：在当前图层中存在选区的情况下，复制一幅图像，选择“编辑→选择性粘贴→贴入”命令将图像粘贴至该选区，同时会生成一个图层蒙版，如图 3-105 所示。

图 3-105　用“贴入”命令添加图层蒙版及其对应的“图层”面板

（2）蒙版的基本操作。

① 选择图层蒙版：单击图层蒙版缩览图，在蒙版周围会显示一个虚线方框，如图 3-106 所示；在按住【Alt】键的同时单击图层蒙版缩览图便可将其显示在图像编辑窗口。

② 屏蔽图层蒙版：选择“图层→图层蒙版→停用”命令，或者在按住【Shift】键的同时单击图层蒙版缩览图，此时图层蒙版区显示一个红色的叉号。

③ 由蒙版创建选区：在按住【Ctrl】键的同时单击图层蒙版缩览图，蒙版白色区域对应的图像成为选区。

④ 删除图层蒙版：单击“图层”面板下方的“删除图层”按钮，会弹出如图 3-107 所示的对话框。如果单击“应用”按钮，则将蒙版效果应用到图层后删除蒙版；如果单击“删除”按钮，则直接将蒙版删除，不改变图层中的原图像。

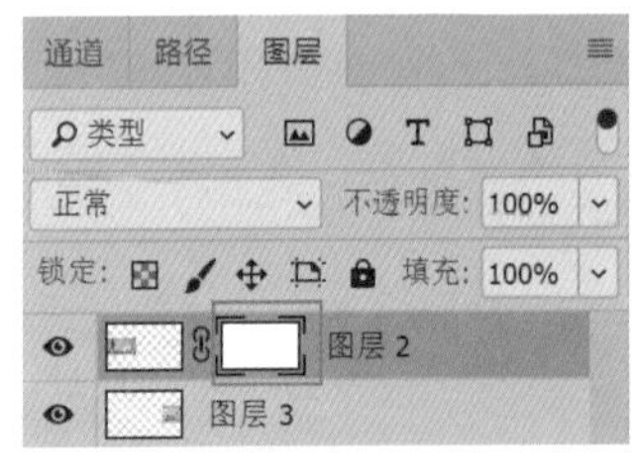

图 3-106　编辑图层蒙版

图 3-107　删除图层警告对话框

提示

蒙版的大部分操作都可以通过用鼠标右键单击图层蒙版缩览图，在弹出的快捷菜单中选择相应的命令来完成，如图 3-108 所示。

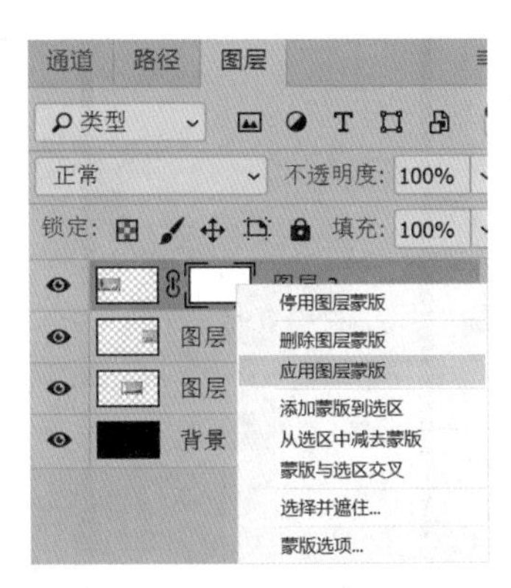

图 3-108　快捷菜单

3. 矢量蒙版

矢量蒙版与图层蒙版相似，也是一种控制图层中图像显示与隐藏的工具，不同的是它使用路径和矢量形状来控制图像显示区域。矢量蒙版比较适合为图像添加边缘清晰、锐利的蒙版效果，能使用“钢笔工具”或“矢量图形工具”进行编辑。如果要使用其他工具进行编辑，则需要将矢量蒙版栅格化，选择“图层→栅格化→矢量蒙版”命令即可。

（1）创建矢量蒙版。创建矢量蒙版的 4 种方法如下。

① 选择一个图层，选择“图层→矢量蒙版→显示全部”命令，创建一个白色的矢量蒙版。

② 在按住【Ctrl】键的同时单击“添加图层蒙版”按钮，即可创建一个白色的矢量蒙版。

③ 选择“图层→矢量蒙版→隐藏全部”命令，可以创建一个隐藏全部内容的灰色的矢量蒙版。

④ 在按住【Alt+Ctrl】组合键的同时单击“添加图层蒙版”按钮，可以创建一个灰色的矢量蒙版。

（2）编辑矢量蒙版。矢量蒙版是基于矢量对象的蒙版，它是通过路径和矢量图形来控制图像显示区域的。为图层添加矢量蒙版后，“路径”面板中会自动生成一个矢量蒙版路径。编辑矢量蒙版时需要使用绘图工具。在 Photoshop CC 中，一个图层可以同时添加一个图层蒙版和一个矢量蒙版，并且矢量蒙版总是位于图层蒙版之后。

4. 剪贴蒙版

剪贴蒙版是一种常用于混合文字、形状及图像的工具，由两个或两个以上的图层构成，处于下方的图层称为基层，而其上方的图层则称为内容层，在每个剪贴蒙版中，基层都只有一个，而内容层则可以有多个。剪贴蒙版的核心其实是“限制”，即通过一个基层来限制内容层的显示形状。剪贴蒙版效果及其对应的“图层”面板如图 3-109 所示。

当确定了剪贴蒙版中的基层与内容层后，创建剪贴蒙版可通过以下方法进行。

（1）按住【Alt】键，将鼠标指针放在两个图层中间的实线上，当鼠标指针变成带折线箭头的方框时单击。

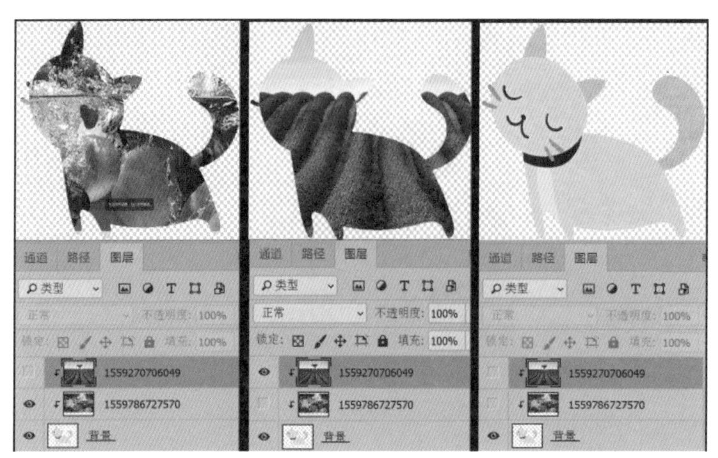

图 3-109　剪贴蒙版效果及其对应的“图层”面板

（2）选中要创建剪贴蒙版的两个图层中的任意一个，选择“图层→创建剪贴蒙版”命令。

（3）选择处于上方的图层，按【Alt+Ctrl+G】组合键，也可创建剪贴蒙版。

（4）在“图层”面板中，用鼠标右键单击图层名或其右侧空白处，在弹出的快捷菜单中选择“创建剪贴蒙版”命令。

要取消剪贴蒙版，可在剪贴蒙版中选中内容层，选择“图层→释放剪贴蒙版”命令；或按【Alt+Ctrl+G】组合键；或用鼠标右键单击图层名或其右侧空白处，在弹出的快捷菜单中选择“释放剪贴蒙版”命令。

3.7 选区、通道与蒙版的关系

选区与快速蒙版之间的关系：快速蒙版是制作选区的一种工具，所以快速蒙版和选区之间存在相互转换的关系，可以通过创建并编辑快速蒙版得到选区，也可以通过将选区转换为快速蒙版进行编辑以得到更为精确的选区。

选区与图层蒙版之间的关系：选区与图层蒙版之间也存在相互转换的关系，按住【Ctrl】键，单击“图层”面板中的图层蒙版缩览图，可以将图层蒙版转换为选区。在选区存在的情况下，单击“图层”面板下方的“添加图层蒙版”按钮，可以将选区添加为当前图层的蒙版。

选区与 Alpha 通道之间的关系：这两者之间也存在相互转换的关系。通过以下方法可以将选区保存为 Alpha 通道：选择“选择→存储选区”命令；在选区存在的情况下，单击“通道”面板下方的“将选区存储为通道”按钮。将 Alpha 通道转换为选区则可以通过以下方法进行：选择“选择→载入选区”命令；在按住【Ctrl】键的同时单击 Alpha 通道缩览图；单击“通道”面板下方的“将通道作为选区载入”按钮。

Alpha 通道与快速蒙版、图层蒙版之间的关系：快速蒙版、图层蒙版都会在“通道”面板中生成一个临时通道，可将其拖曳到“创建新通道”按钮上保存为 Alpha 通道。

案例12 制作月历牌——路径的应用

案例描述

制作如图 3-110 所示的月历牌。

图 3-110　月历牌

案例解析

- 使用“钢笔工具”绘制路径并转换为选区。
- 为选区填充渐变色。
- 使用“横排文字工具”输入月份。

案例实现

（1）选择“文件→打开”命令，打开“素材”文件夹中的“秋天”文件，如图 3-111 所示。

（2）新建图层，改名为“飘带 1”。

（3）单击工具栏中的“钢笔工具”，绘制飘带路径，如图 3-112 所示。

图 3-111　“秋天”文件

图 3-112　使用“钢笔工具”绘制飘带路径

（4）在按住【Alt】键的同时单击图 3-112 中的 A 点，去掉 A 点的方向。在按住【Ctrl】键的同时调整图 3-113 中的 B 点和 C 点，从而调整路径的弧度。

图 3-113　调整路径的弧度

（5）继续绘制飘带路径，如图 3-114 所示。

（6）按【Ctrl+Enter】组合键，将路径转换为选区。

（7）将前景色设置为#fdc30a，将背景色设置为#f4f0ea。单击工具栏中的“渐变工具”按钮，填充路径，如图 3-115 所示。

图 3-114　继续绘制飘带路径

图 3-115　填充路径

（8）按【Ctrl+T】组合键，单击鼠标右键，在弹出的快捷菜单中选择“变形”命令，如图 3-116 所示，调整飘带的形状。

（9）单击“图层”面板中的“飘带 1”图层，单击“添加图层蒙版”按钮，为“飘带 1”图层添加蒙版。

（10）按【D】键，将前景色改为黑色。使用“画笔工具”在飘带遮挡小女孩处涂抹，将小女孩的脸露出来，如图 3-117 所示。

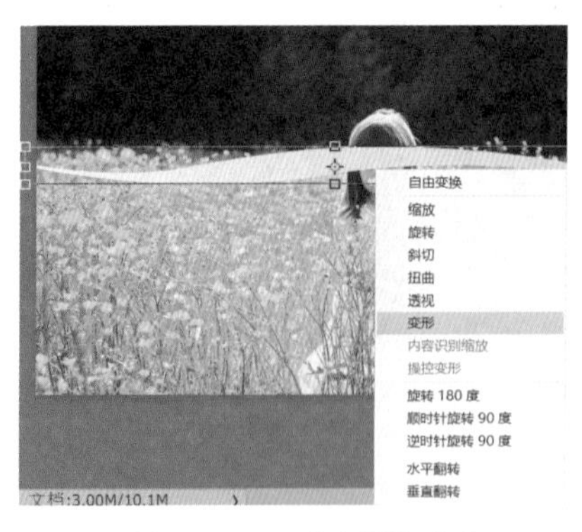

图 3-116　“变形”命令

图 3-117　使用“画笔工具”涂抹后的效果

（11）将“飘带 1”图层的不透明度调整为 61%，如图 3-118 所示。

（12）新建图层“飘带 2”。使用相同的方法再次绘制飘带路径，填充渐变色，如图 3-119 所示。

图 3-118　调整图层的不透明度

图 3-119　再次绘制飘带路径

（13）打开“10 月日历”文件，并将图片移至当前图像编辑窗口的合适位置。使用“横排文字工具”T输入文字“Autumn”，设置字体为微软雅黑，颜色为#d82c1c，大小为 72px，样式为 bold。

3.8 路径

关于路径的创建等，本书 2.17 节和 2.18 节已讲述，本节不再赘述。下面仅针对“路径”面板的使用加以说明。

选择“窗口→路径”命令，可打开如图 3-120 所示的“路径”面板。

（1）用前景色填充路径●：单击该按钮，可对当前路径区域填充前景色；若在按住【Alt】键的同时单击该按钮，将打开“填充路径”对话框，如图 3-121 所示，可对路径区域填充前景色、背景色、图案等。

图 3-120　“路径”面板

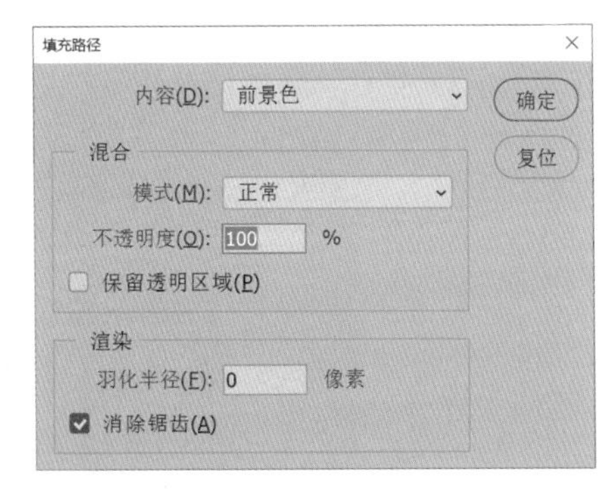

图 3-121　“填充路径”对话框

（2）用画笔描边路径○：可使用“画笔工具”或“铅笔工具”对路径进行描边。

（3）将路径作为选区载入⬚：单击该按钮，可以将当前路径转换为选区；若在按住【Alt】键的同时单击该按钮，将打开“建立选区”对话框，可对选区进行更详细的设置。

（4）从选区生成工作路径◇：将选区转换为路径。

（5）创建新路径⊡：单击该按钮，可以创建一个新路径。

一、填空题

1. 复制图层的快捷键是__________________。

2. Photoshop CC 中，当前图像中存在一个选区，在按住【Alt】键的同时单击“添加图层蒙版”按钮与不按住【Alt】键产生的蒙版恰好是___________的关系。

3. 在“正片叠底”模式下，任何颜色与黑色混合都会产生_____色，与白色混合则保持不变。

4. 打开“色阶”对话框的快捷键是____________。

5. 选择多个图层后单击“图层”面板下方的_____________按钮，在每个被选中的图层右侧都会出现一个链接图标，这些图层将被链接在一起，可以同时移动，也可以单独编辑。

6. 要取消图层链接，可选中要取消链接的图层，单击_____________按钮。

7. 使用快捷键_____________，可将当前图层与下一个图层合并。

8. Photoshop CC 2017 共提供了包括“正常”在内的______个图层混合模式。

二、简答题

1. 简述矢量图、位图的区别有哪些。

2. 什么是图层蒙版？什么是矢量蒙版？

三、上机操作题

1. 利用“练习”文件夹中的素材完成图 3-122 所示的“新年快乐”宣传画。

图 3-122 “新年快乐”宣传画

2. 使用形状工具组中的工具或“钢笔工具”绘制一个五角星，利用“剪贴蒙版”及“练习”文件夹中提供的背景图形完成“闪闪红星”的制作，如图 3-123 所示。

图 3-123　闪闪红星

模块 4

图像颜色模式转换及色调、色彩调整

Photoshop CC 在图像色调和色彩处理方面的功能非常强大，比如能对一个劣质照片或扫描质量很差的图片进行亮度调整、色偏调整和校正，对图像的整体或部分进行颜色切换等。Photoshop CC 提供的色彩与色调调整功能，非常有助于用户对图像进行修改和编辑。

4.1 图像色彩基础

只有具备一定的色彩知识，才能选择出最合适的色彩、最适当的明暗度、色调对比度等，进而将图像的色调和色彩调整为最佳的效果。

1. 色彩的概念

色彩即颜色，是通过眼、脑和生活经验产生的一种对光的视觉效应。色彩具有 3 个基本属性：色相、明度、纯度。另外，各种色彩间会形成色调，并显现出自己的特性，即色性。

（1）色相。色相指色彩的相貌，是色彩最明显的特征，是区别各类色彩的名称，如红、绿、蓝。

（2）明度。明度又称亮度，即色彩深浅的差别。通俗地说，色彩浅则明度高，色彩深则明度低。在正常强度的光线照射下的色相，被定义为标准色相，明度高于标准色相的，称为该色相的高光，反之，称为该色相的阴影。同一色相中加入的白色越多，明度越高，加入的黑色越多，明度越低。如对于 CMYK 颜色模式的图像，其原色分别是 C（青）、M（洋红）、Y（黄）和 K（黑）4 种颜色，调整该图像的亮度时，实质上就是调整上述 4 种原色的明暗度。在所有的图像色彩处理命令中，一般使用“曲线”、“亮度/对比度”等命令对图像的亮度进行调整。

（3）纯度。纯度指色彩的纯净程度，即鲜艳程度，又称彩度或饱和度，在某个纯净色中加入其他颜色时，纯度就会发生变化，加入的其他颜色越多，纯度就越低。

（4）色调。画面是由具有某种内在联系的各种色彩组成的一个完整统一的整体，形成

画面色彩的总的趋向称为色调。

（5）色性。色性指色彩的冷暖倾向。色彩的冷暖会给人带来不同的心理感受，青色、蓝色等给人以寒冷的感觉，称为冷色；红色、橙色、黄色等给人以温暖的感觉，称为暖色；绿色、紫色、黑色、白色、灰色等给人以不冷不热的感觉，称为中性色。色彩的冷暖划分只是相对的，并无严格规定。

（6）对比度。对比度指不同颜色之间的差异程度。两种颜色之间的差异越大，对比度就越大，如红色和绿色、黄色和紫色、蓝色和橙色是 3 组对比度比较大的颜色，黑色和白色是对比度最大的颜色。

在所有的图像色彩处理命令中，一般使用“亮度/对比度”命令来调整图像的对比度。

2. 色彩的分类

（1）原色。原色是指不能由其他颜色混合产生的颜色。色彩通常由 3 种原色组成，即通常所说的三原色。三原色按照性质的不同可分为两类：色光三原色和色料三原色。色光三原色是指不能由其他色光混合得到的红（Red）、绿（Green）、蓝（Blue）3 种色光，也就是 RGB 颜色模式中的三原色。色料三原色是指不能由其他色料混合得到的黄、洋红（品红）和青 3 种色料。

（2）间色。间色是指由两种原色混合得到的颜色。例如，色光三原色相互混合如图 4-1 所示，色料三原色相互混合如图 4-2 所示。

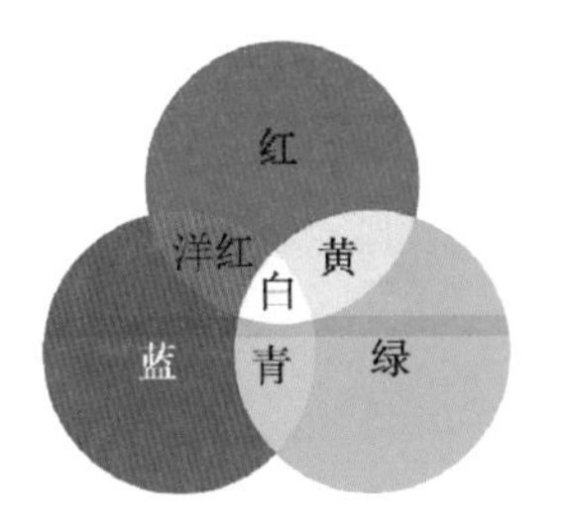

图 4-1　色光三原色

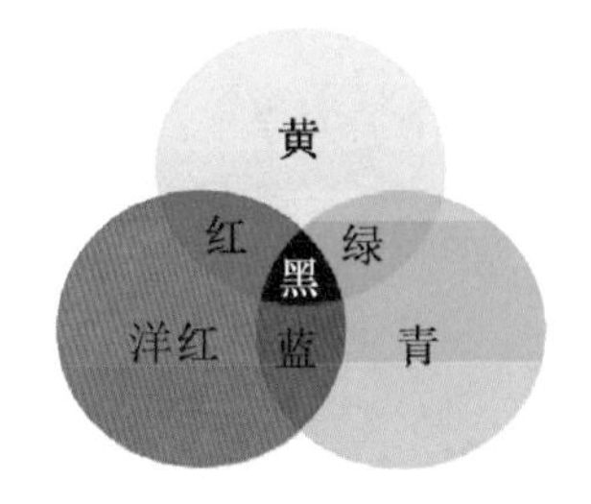

图 4-2　色料三原色

（3）复色。复色是指由原色和间色继续混合，或者 3 种以上的颜色混合得到的颜色，如绿紫色、黄绿色等。色光三原色的红、绿、蓝色光混合会产生白色光；色料三原色的黄、洋红、青色料混合会生成黑色料。

案例 13　改变沙滩显示效果——图像颜色模式的转换

案例描述

将如图 4-3 所示的素材图片转换为如图 4-4 所示的图像。

图 4-3　原图

图 4-4　效果图

案例解析

- 将图像由索引颜色模式转换为 RGB 颜色模式。
- 为文字添加渐变效果。

案例实现

（1）打开素材文件“沙滩”。

（2）如图 4-5 所示，“图层”面板底部的按钮呈灰色；如图 4-6 所示，工具栏中的很多工具（如“渐变工具”）也无法正常使用，需要先转换图像颜色模式。

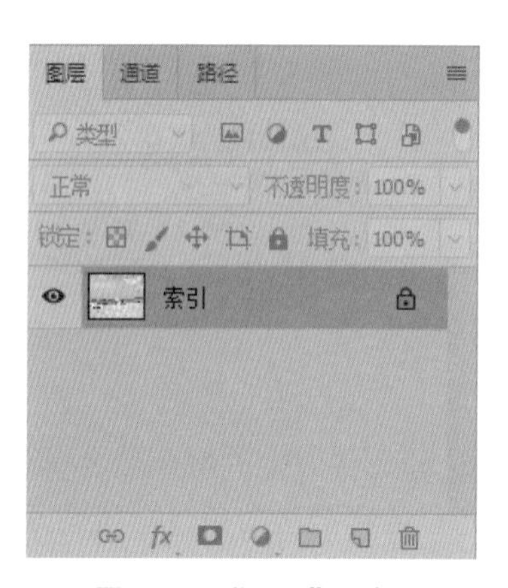

图 4-5　“图层”面板

图 4-6　“渐变工具”无法正常使用

（3）如图 4-7 所示，选择“图像→模式→RGB 颜色”命令，“图层”面板恢复正常。选择“横排文字工具”，在图片上方输入文字“做一个寡言”“却心有一片海的人”，如图 4-8 所示。

（4）单击“图层”面板底部的“添加图层样式”按钮，在弹出的菜单中选择“渐变叠加”命令，如图 4-9 所示，弹出“图层样式”对话框，如图 4-10 所示，单击其中的色谱，再单击“确定”按钮，为文字添加渐变效果，如图 4-11 所示。

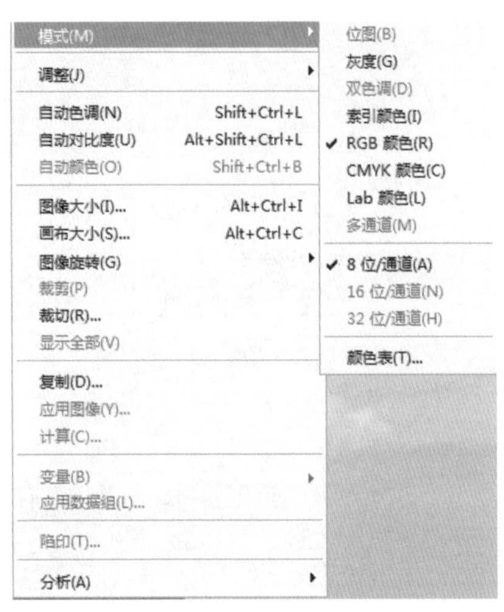

图 4-7 “图像→模式→RGB 颜色”命令

图 4-8 输入文字

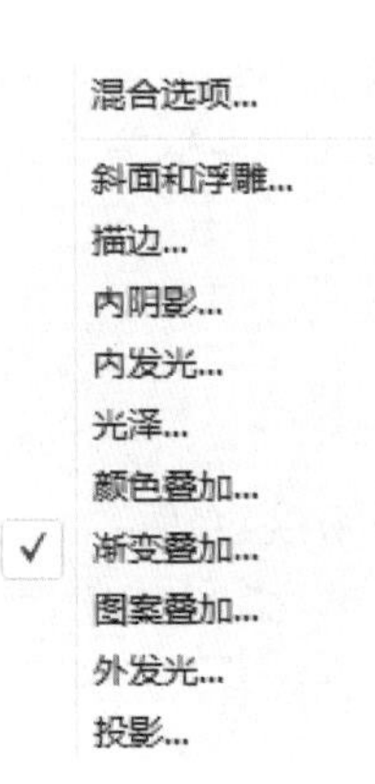

图 4-9 “渐变叠加”命令

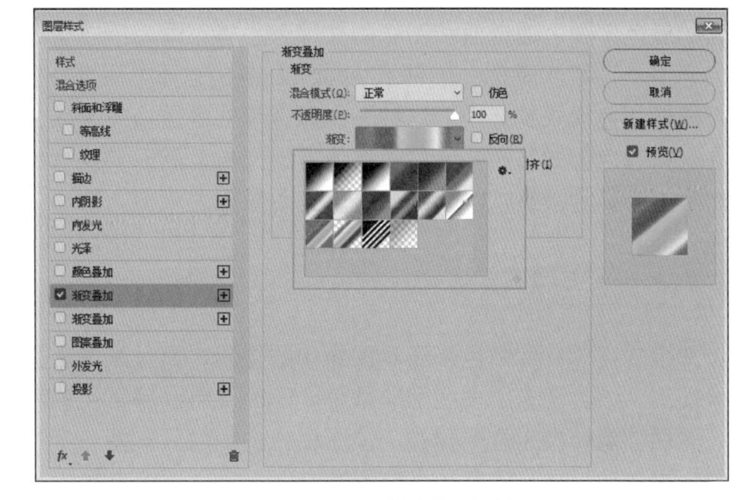

图 4-10 “图层样式”对话框

图 4-11 文字渐变效果

（5）选择“图像→模式→灰度”命令，在弹出的提示信息对话框中单击“扔掉”按钮，如图 4-12 所示。

（6）选中“图层 1”，单击鼠标右键，在弹出的快捷菜单中选择“拼合图像”命令，如图 4-13 所示。

（7）选择“文件→存储”命令，保存文件。

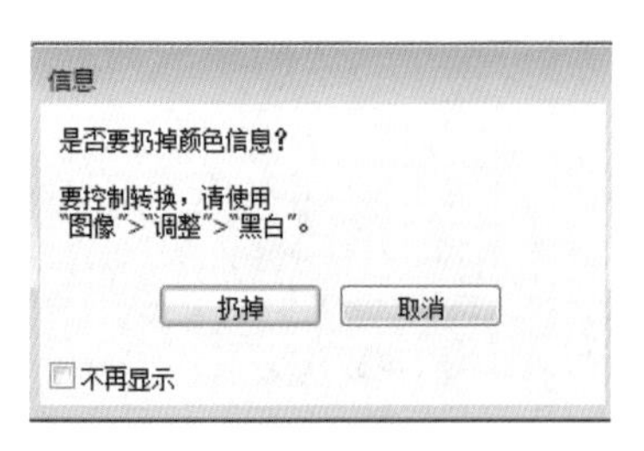

图 4-12　提示信息对话框

向下合并
合并可见图层
拼合图像

图 4-13　“拼合图像”命令

4.2 图像颜色模式的转换

图像的颜色模式决定了用来显示和打印所处理图像颜色的输出方式。不同的颜色模式所包含的颜色范围、通道数和图像的文件大小等不同，所以有时需要把图像从一种颜色模式转换为另一种颜色模式。在 Photoshop CC 中，选择“图像→模式”子菜单中的命令，可以进行图像颜色模式的转换。这种图像颜色模式的转换或多或少会产生一些数据的丢失，因此在进行颜色模式转换前最好先备份原始文件，同时要注意颜色模式转换的特点，尽量避免产生不必要的损失，以获得高质量的图像。

1. 转换为位图模式

位图模式用黑色和白色来表示图像中的像素，而且黑白之间没有灰度过渡色，适于黑白图像输出，该类图像所占空间非常小。RGB、CMYK 等常用的颜色模式必须先转换为灰度模式，然后才能转换为位图模式。位图模式的图像只支持一个图层，在转换过程中，所有的图层会被自动压平，只有一个位图通道。

2. 转换为灰度模式

灰度模式可以使用多达 256 级灰度的像素来表现图像，使图像的过渡更平滑、细腻。灰度模式图像的每个像素都有一个 0（黑色）~255（白色）的亮度值，其他颜色模式都可以转换为灰度模式。当彩色图像被转换成灰度模式后，图像会丢失颜色信息，以灰度显示图像，类似于黑白照片的效果，所以相对于彩色图像来讲，灰度模式的文件要小得多。灰度模式的图像只有一个灰色通道，适于单色调图像输出。

3. 转换为双色调模式

双色调模式用一种灰色油墨或彩色油墨来渲染一个灰度模式图像。该模式最多可向灰度模式图像添加 4 种颜色，从而可以打印出比单纯灰度模式图像更有趣的图像，适于被加强的灰度模式图像输出。双色调模式一般用于单色调图像、双色调图像、三色调图像和四色调图像中。在将灰度模式图像转换为双色调模式图像的过程中，可以对色调进行编辑，

从而产生特殊的效果。需要注意的是，一幅彩色图像不能直接转换为双色调模式，必须先将其转换为灰度模式。

4. 转换为 RGB 颜色模式

RGB 颜色模式是 Photoshop 中最常用的颜色模式之一，也是 Photoshop 默认的颜色模式。RGB 颜色模式通过红（R）、绿（G）、蓝（B）3 种颜色的 256 个亮度级别，可以在屏幕上生成多达 1670 万种颜色，同时还能够使用 Photoshop 中所有的命令和滤镜，适于电子媒体显示，在印刷输出时偏色情况比较严重。由 CMYK 颜色模式转换为 RGB 颜色模式时，因 CMYK 色域与 RGB 色域并不完全等同，容易导致部分颜色丢失。

因为 RGB 颜色模式的图像被转换为灰度模式后会丢失颜色信息，所以再转换为 RGB 颜色模式的图像时，显示出的图像颜色将不具有原图像的颜色。

5. 转换为 CMYK 颜色模式

CMYK 颜色模式和印刷中油墨配色的原理相同，由、青（Cyan）、品红（Magenta）、黄（Yellow）、黑（Black）4 种颜色混合而成，适于印刷、打印输出。它和 RGB 颜色模式一样，每个像素在每种颜色上可以有 256 个亮度级别。理论上它可以产生 256^4 种颜色，但由于输出过程中颜色信息的丢失、输出技术和环境的限制，实际上能产生的颜色数量比 RGB 颜色模式少得多。

图像由 RGB 颜色模式转换为 CMYK 颜色模式将导致部分颜色丢失。对于 RGB 图像，落在 CMYK 色域中的颜色信息基本上不会丢失；超出 CMYK 色域的部分，因其颜色空间映射算法并不是完全可逆的，将引起颜色丢失。

由于 CMYK 颜色模式的文件比 RGB 颜色模式的文件大，且部分重要的滤镜功能无法使用，因此最好将图像编辑工作完成后，再转换为 CMYK 颜色模式。

6. 转换为 Lab 颜色模式

Lab 颜色模式由亮度分量（L）、从绿色到红色色度分量（a）和从蓝色到黄色色度分量（b）组成。Lab 颜色模式是颜色范围最广的一种颜色模式，可以涵盖 RGB 颜色模式和 CMYK 颜色模式的颜色范围。同时，Lab 颜色模式是一种独立的模式，在各种设备中都能使用并输出图像，因此，图像从其他颜色模式转换为 Lab 颜色模式不会失真。

7. 转换为索引颜色模式

索引颜色模式的图像是一种单通道的彩色图像，最多可包括 256 种颜色。索引颜色模式通过限制颜色数量，可以缩小图像所占的空间，但仍能保证图像的视觉质量，适于图像在多媒体和网页上输出。

只有灰度模式、双色调模式和 RGB 颜色模式的图像才可以转换为索引颜色模式。当 RGB 颜色模式的图像转换为索引颜色模式的图像后，会包含近 256 种颜色，如果原图像中的颜色不能用索引颜色模式颜色表中的 256 色表现，则 Photoshop 会从可使用的颜色中选出最相近的颜色来模拟这些颜色，这样可以减小图像文件。由于灰度模式图像的颜色数不会超过 256，因此转换为索引颜色模式的结果总是准确的。双色调模式图像是单通道图像，它同样用 8 位灰度方式记录，故与灰度模式转换为索引颜色模式没有什么区别。

需要注意的是，虽然图像可以从 RGB 颜色模式转换为索引颜色模式，但 Photoshop 不能使图像再转换到原始的颜色；一旦转换为索引颜色模式，Photoshop 的滤镜便不可使用。图像在索引颜色模式下不能进行编辑，需要转换为其他模式再进行编辑。

8. 转换为多通道模式

多通道（Multichannel）模式在每个通道中使用 256 级灰度，特别适合某些专业、特殊的打印输出。将图像转换为多通道模式后，原始图像中的颜色通道在转换后的图像中变为专色通道。这种模式的图像限制很多，Photoshop 中的所有滤镜都不能使用，因此尽量不要转换为该模式。

案例 14 制作夕阳下的海岸效果——图像色调的调整

案例描述

通过调整如图 4-14 所示图像的色阶、曲线、色相/饱和度及亮度/对比度，制作夕阳下的海岸效果，如图 4-15 所示。

图 4-14　海岸

图 4-15　夕阳下的海岸效果图

案例解析

- 通过“图像→调整→色阶”命令调整图片的色调。
- 通过“图像→调整→曲线”命令调整图片的色调。
- 通过“图像→调整→色相/饱和度”命令渲染图片的色调。
- 通过“图像→调整→亮度/对比度”命令调整图片的亮度、对比度。

案例实现

（1）打开如图 4-14 所示的素材文件“海岸”，选择“图像→调整→色阶”命令，弹出“色阶”对话框，如图 4-16 所示，输入色阶的阴影、中间调、高光值分别为 9、0.82、234，效果如图 4-17 所示。

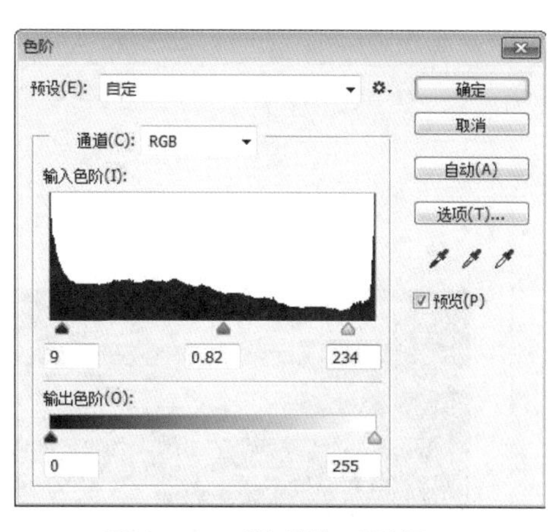

图 4-16 “色阶”对话框

图 4-17 调整色阶后的效果

（2）接下来加强夕阳落山的昏暗效果。选择“图像→调整→曲线”命令，选择红色通道，如图 4-18 所示，中间点的输入/输出值为 93/165；选择绿色通道，如图 4-19 所示，中间点的输入/输出值为 149/117；选择蓝色通道，如图 4-20 所示，中间点的输入/输出值为 173/103。调整后的效果如图 4-21 所示。

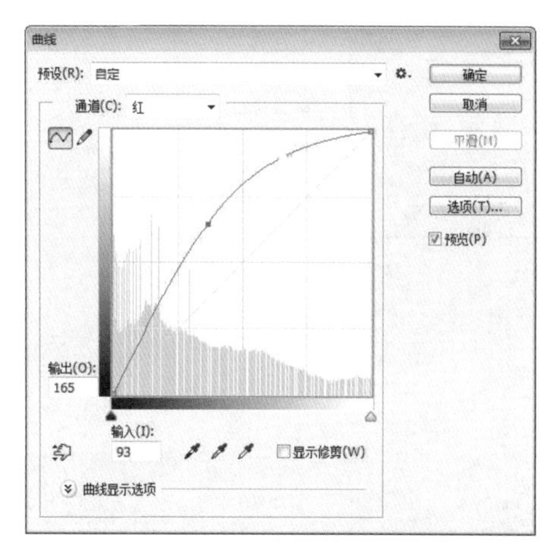

图 4-18 “曲线”对话框红色通道参数设置

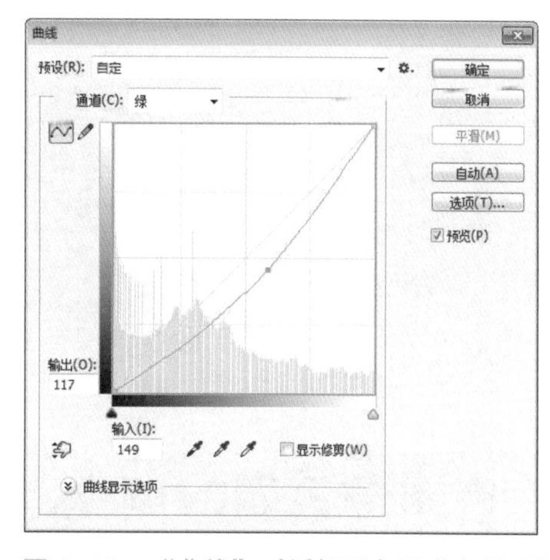

图 4-19 “曲线”对话框绿色通道参数设置

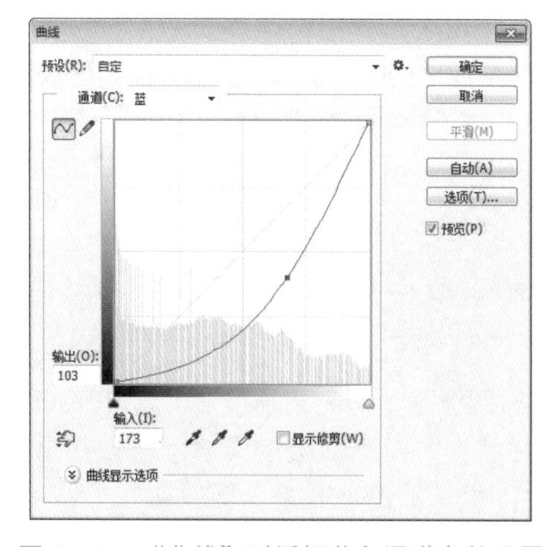

图 4-20 “曲线”对话框蓝色通道参数设置

图 4-21 调整曲线后的效果

（3）选择“图像→调整→色相/饱和度”命令，在弹出的如图 4-22 所示的“色相/饱和度”对话框中，将色相设置为 4，将饱和度设置为 11，效果如图 4-23 所示。

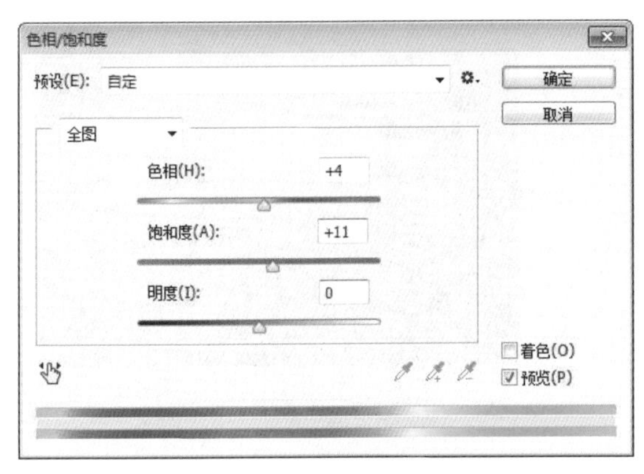

图 4-22 “色相/饱和度”对话框

图 4-23 调整色相/饱和度后的效果

（4）选择“图像→调整→亮度/对比度”命令，弹出“亮度/对比度”对话框，设置亮度为-5，对比度为-4，如图 4-24 所示。最终效果如图 4-15 所示。

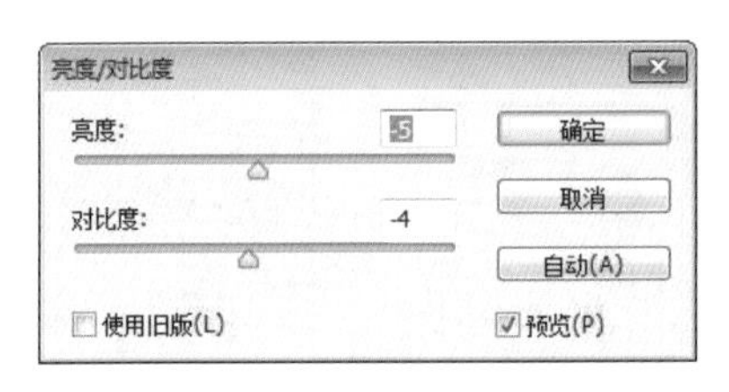

图 4-24 “亮度/对比度”对话框

（5）选择“文件→存储”命令，保存文件。

4.3 图像色调的调整

图像色调的调整主要是对图像明暗的调整。图像明暗直接影响视觉效果——明暗对比度不够会使图像产生灰暗、看不清的效果。调整图像明暗时，可以通过调整亮度/对比度、色阶、曲线等来实现。一般通过“图像→调整”下的子命令完成调整，也可以使用“图层→新建调整图层”下的子命令完成。通过调整图层可以在保护原图像无损的同时完成图像调整。

1. 直方图

Photoshop CC 提供的直方图能较直观地显示出图像基本的色调分布情况。打开如图 4-25 所示的图像，选择“窗口→直方图”命令，打开“直方图”面板的紧凑视图或扩展视图。如图 4-26 所示为扩展视图，可以清楚地看出该图的色阶分布情况。

图 4-25　白莲寺

图 4-26　“直方图”面板的扩展视图

直方图的横轴代表亮度，取值范围为 0（黑）~255（白）；纵轴代表每个亮度的像素值。在图表的下方有一个值为 0（黑）~255（白）的带状色谱。通过直方图可以直观地查看图像色调的分布情况。需要注意的是，一幅图像的不同区域对应的直方图不同，直方图显示的是选中区域的色调分布情况，如图 4-27 所示。

位置 1

位置 2

图 4-27　不同区域对应不同的直方图

一般来讲，当色调分布偏向左侧时，表示该图像偏暗，一般属于曝光不足；当色调分布偏向右侧时，表示该图像偏亮，一般属于曝光过度；当色调分布集中于中间时，表示该图像色调偏弱。

2. 色阶

色阶表示图像中的颜色或者颜色中某个组成部分的明暗。当图像偏亮或偏暗时，可使用“色阶”命令对图像的亮色调、中间色调和暗色调的分布情况进行调整。打开如图 4-28 所示的图像“西湖”，选择“图像→调整→色阶”命令或按【Ctrl+L】组合键，即可弹出“色阶”对话框。如图 4-29 所示，调整参数，即可得到不同的效果。

（1）预设：可以单击“预设”下拉列表框右侧的按钮，在打开的下拉列表中选择提前设计好的色阶调整方案。

（2）通道：可以从其下拉列表中选择要调整的颜色通道，用来校正图像颜色。

图 4-28　西湖

参数 1

参数 2

图 4-29　不同色阶参数的效果

（3）输入色阶：用于调整图像的阴影、中间调和高光。第一个文本框用来设置图像的阴影，低于该值的像素将变为黑色，取值范围为 0～253；第二个文本框用来设置图像

的中间调，取值范围为 0.10～9.99；第三个文本框用来设置图像的高光，高于该值的像素将变为白色，取值范围为 2～255。也可以通过对文本框上方直方图上与 3 个文本框相对应的 3 个小三角滑块的拖曳来完成调整：向左拖曳，可使图像变亮；向右拖曳，可使图像变暗。

（4）输出色阶：左侧的文本框用来调整图像的阴影，取值范围为 0～255；右侧的文本框用来调整图像的高光，取值范围为 0～255。

（5）自动：单击该按钮，Photoshop CC 将以 0%～5%的比例来调整图像，图像中最亮的像素将变成白色，最暗的像素将变成黑色。这样，图像的明暗分布会更均匀，但容易造成偏色，应该慎用。

（6）选项：单击该按钮将打开“自动颜色校正选项”对话框，可以设置阴影、高光的切换颜色，也可以对自动颜色校正的算法进行设置。

（7）吸管工具：用于单击图像选择颜色。用黑色吸管单击图像，图像上所有像素的亮度值都会减去该选取色的亮度值，使图像变暗；用灰色吸管单击图像，将用吸管单击处的像素亮度来调整图像上所有像素的亮度；用白色吸管单击图像，图像上所有像素的亮度值都会加上该选取色的亮度值，使图像变亮。

（8）预览：选中该复选框，可在图像编辑窗口中预览图像效果。

（9）复位：在该对话框中进行设置后，若感觉不满意，则可按住【Alt】键，此时“取消”按钮会切换为“复位”按钮，单击该按钮，对话框会恢复到打开时的状态。

3. 曲线

“曲线”命令是一种应用非常广泛的色调调整命令，借助曲线可以调整图像的亮度、对比度、色彩等，其功能实际上是反相、色调分离、亮度、对比度等多个命令的综合。打开如图 4-30 所示的图像“麦田”，选择“图像→调整→曲线”命令或按【Ctrl+M】组合键，即可弹出“曲线”对话框，如图 4-31 所示。

图 4-30　麦田

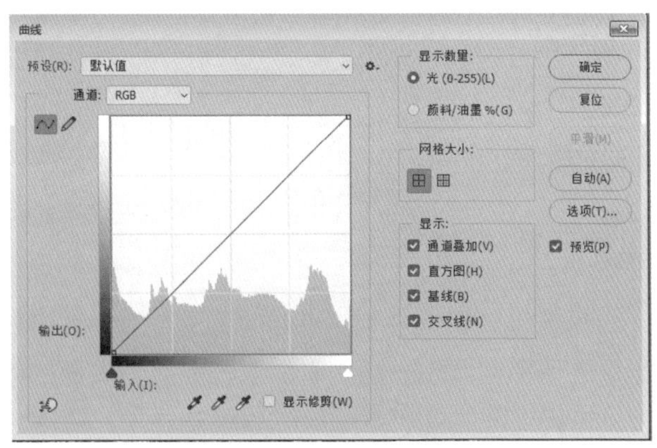

图 4-31　“曲线”对话框

（1）预设：可以从其下拉列表中选择提前设计好的曲线调整方案。

（2）通道：可以从其下拉列表中选择要调整的颜色通道。

（3）曲线坐标图：横坐标是原来的亮度，代表图像编辑前的阴影、高光参数；纵坐标代表图像编辑后的输出参数。在该坐标图中通过调整曲线形状来进行图像亮度、对比度、色彩等的调整，方法有两个。方法一是选择对话框中的“曲线工具”，将鼠标指针移至曲线附近，待其变成“+”形状时单击，可以产生一个节点，拖曳该节点，即可改变曲线形状，如图 4-32 所示，曲线向左上方弯曲，色调变亮，图像效果如图 4-33 所示；如图 4-34 所示，曲线向右下方弯曲，色调变暗，图像效果如图 4-35 所示。方法二是选择“铅笔工具”，在曲线表格内移动鼠标指针来绘制曲线。

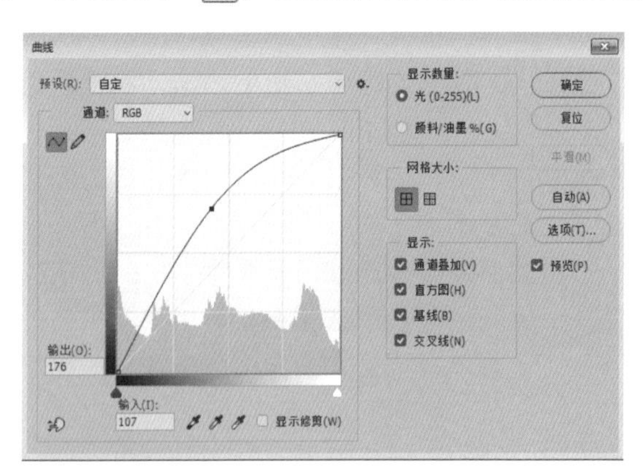

图 4-32 “曲线”对话框及参数调整（左上方）

图 4-33 变亮的图像

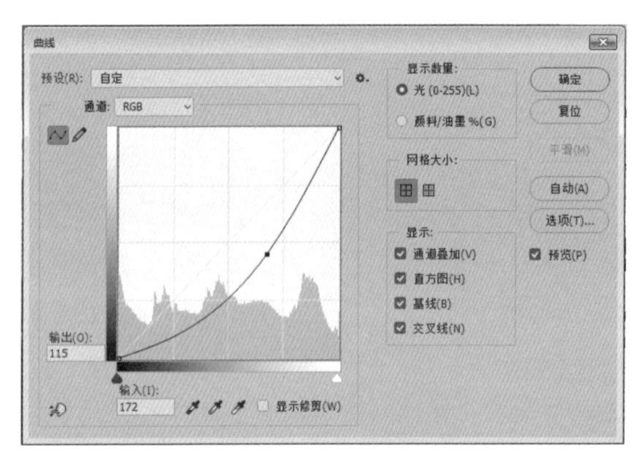

图 4-34 “曲线”对话框及参数调整（右下方）

图 4-35 变暗的图像

（4）输入和输出：用来显示曲线上当前控制点的“输入”“输出”值。

4. 亮度/对比度

利用“亮度/对比度”命令可以对图像进行简单的亮度和对比度的调整，对图像的每个像素进行平均调整，达到对图像进行整体调整的效果，对单个通道不起作用，会导致图像细节丢失，需要高质量输出时应避免使用。选择“图像→调整→亮度/对比度”命令，即可弹出“亮度/对比度”对话框，如图 4-36 所示。

（1）亮度：在文本框中输入数值，或拖曳下方的滑块，可以调整图像的亮度。当输入的数值为负时，将降低图像的亮度；当输入的数值为正时，将提高图像的亮度；当输入的数值为 0 时，图像无变化。

（2）对比度：在文本框中输入数值，或拖曳下方的滑块，可以调整图像的对比度。当

输入的数值为负时，将降低图像的对比度；当输入的数值为正时，将提高图像的对比度；当输入的数值为 0 时，图像无变化。

（3）复位：若对调整后的效果不满意，想要回到系统默认的参数值，可以按住【Alt】键，此时对话框中的“取消”按钮变成“复位”按钮，如图 4-37 所示。按住【Alt】键不放，单击“复位”按钮，即可回到默认的最初状态。

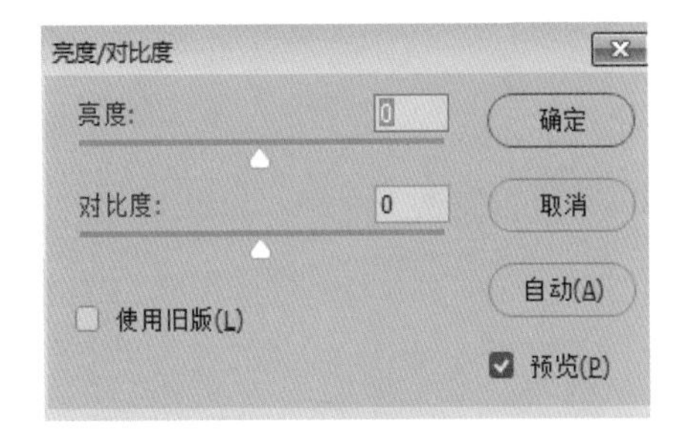

图 4-36 “亮度/对比度”对话框

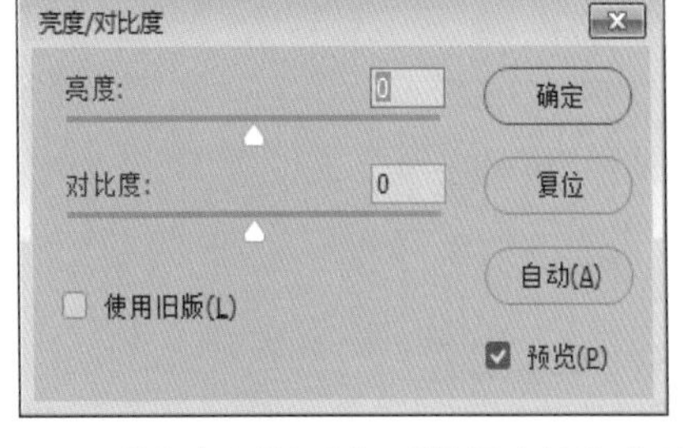

图 4-37 “亮度/对比度”对话框（按住【Alt】键）

5. 色彩平衡

“色彩平衡”命令主要用于调整图像的阴影、中间调和高光的总体色彩平衡。虽然“曲线”命令也可以实现此功能，但该命令使用起来更加方便和快捷。选择“图像→调整→色彩平衡”命令，即可弹出“色彩平衡”对话框，如图 4-38 所示。调整效果如图 4-39 所示。

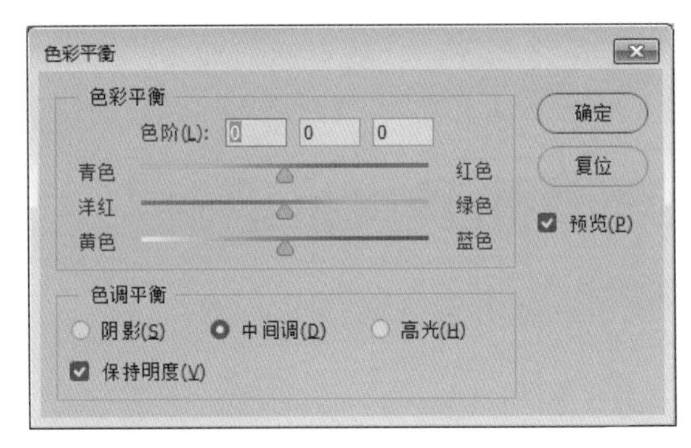

图 4-38 “色彩平衡”对话框

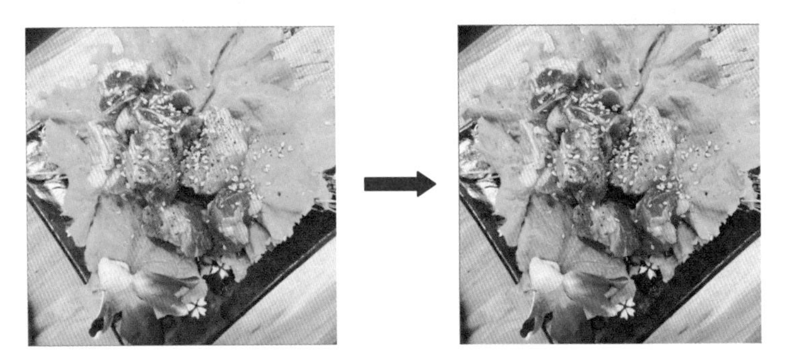

图 4-39 调整色彩平衡

（1）色阶：在其 3 个文本框中输入数值就可调整从 RGB 三原色到 CMYK 颜色模式对应的

色彩变化，其取值范围为-100～100。3个数值都设置为0时，图像的色彩将不会变化。也可直接拖曳文本框下方的3个滑块来调整图像的色彩。

（2）色调平衡：用于选择用户需要着重进行调整的色彩范围，包括“阴影”“中间调”“高光”3个单选项，选中某个单选项，就会对相应色调的像素进行调整。

（3）保持明度：用于进行色彩调整时保持图像亮度不变。

6. 自动色调

利用“自动色调”命令可以自动调整图像的明暗度。选择“图像→自动色调”命令，可进行图像的自动色调调整，没有参数设置对话框。

7. 自动对比度

利用“自动对比度”命令可以自动调整图像整体的对比度。选择“图像→自动对比度”命令，可进行图像的自动对比度调整。

8. 自动颜色

利用“自动颜色”命令可以分别对图像的阴影、中间调、高光进行对比度和色相的调整，将中间调均化并修整白色和黑色像素。选择“图像→自动颜色”命令，可进行图像的自动颜色调整。

案例15 制作黄金草秋天印象效果——图像色彩的调整

案例描述

将如图4-40所示的图像调出如图4-41所示的秋天印象效果。

图4-40　黄金草原图

图4-41　黄金草秋天印象效果图

案例解析

- 打开“通道混和器”，分别对红、绿、蓝通道进行设置。

- 添加“可选颜色”调整图层，调整黄色数值。
- 添加矢量蒙版。

案例实现

（1）打开素材文件“黄金草原图”，如图 4-40 所示，按【Ctrl+J】组合键复制图层，选择“图层→新建调整图层→通道混合器”命令（注：为方便读者按本书步骤对照学习，对于 Photoshop CC 2017 软件中的“通道混合器”和“通道混和器”，本书不加以强行一致处理，以软件界面为准），弹出“新建图层”对话框，如图 4-42 所示。

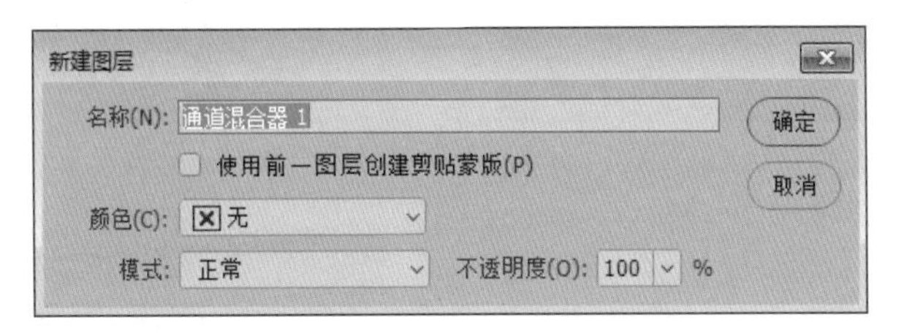

图 4-42 “新建图层”对话框

（2）直接单击“确定”按钮，弹出“属性”面板“通道混和器”界面，如图 4-43 所示。在其中对红、绿、蓝 3 个通道的数值分别进行设置：红色通道的红色、绿色、蓝色值分别为 162%、27%、68%，绿色通道的红色、绿色、蓝色值分别为 24%、67%、16%，蓝色通道的红色、绿色、蓝色值分别为-14%、-6%、67%，效果如图 4-44 所示。

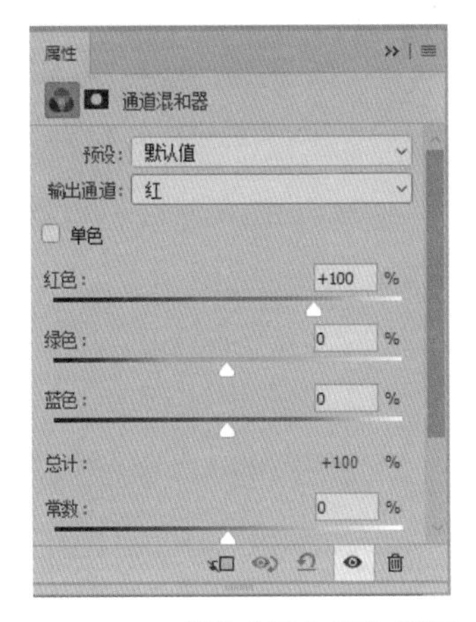

图 4-43 “通道混和器”界面

图 4-44 调整后的效果

（3）选择“图层→新建调整图层→可选颜色”命令，创建“可选颜色”调整图层，在弹出的“属性”面板“可选颜色”界面选择黄色，如图 4-45 所示。将其青色、洋红、黄色、黑色值分别设置为-80%、40%、50%、0%，效果如图 4-46 所示。

（4）选中除“背景”图层以外的 3 个图层，单击鼠标右键，在弹出的快捷菜单中选择“合并图层”命令，如图 4-47 所示。单击“图层”面板底部的“添加矢量蒙版”按钮，为图层添加矢量蒙版，如图 4-48 所示。

图 4-45 “可选颜色”界面

图 4-46 调整黄色选项后的效果

图 4-47 “合并图层”命令

图 4-48 为图层添加矢量蒙版

（5）选择“画笔工具”，将前景色改为黑色，在黄金草的合适位置涂抹。最终效果如图 4-41 所示。

（6）选择“文件→存储”命令，保存文件。

4.4 图像色彩的调整

图像色彩的调整主要是对图像的色相、饱和度、亮度和对比度进行调整，通过调整可以改变图像的色彩，使图像的颜色更加丰富多彩。图像色彩的调整命令主要有“自然饱和度”“色相/饱和度”“去色”“替换颜色”等。

1. 自然饱和度

利用“自然饱和度”命令可以快速调整图像中颜色的饱和度，并且可以在增加饱和度的同时有效地控制因颜色过于饱和而溢色，对于调整人像非常有用。

2. 色相/饱和度

“色相/饱和度”命令主要用来调整图像的色相、饱和度和明度，还可以通过给像素指定新的色相和饱和度来实现给灰度图像染上色彩的功能。灰度模式和位图模式的图像不能使用“色相/饱和度”命令，要使用该命令，必须先将图像转换为 RGB 颜色模式或其他颜色模式。打开如图 4-49 所示的图像“狗狗”，选择“图像→调整→色相/饱和度”命令或按【Ctrl+U】组合键，即可弹出“色相/饱和度”对话框，如图 4-50 所示。参照图 4-51 进行参数设置，将得到如图 4-52 所示的效果。

图 4-49　狗狗

图 4-50　“色相/饱和度”对话框

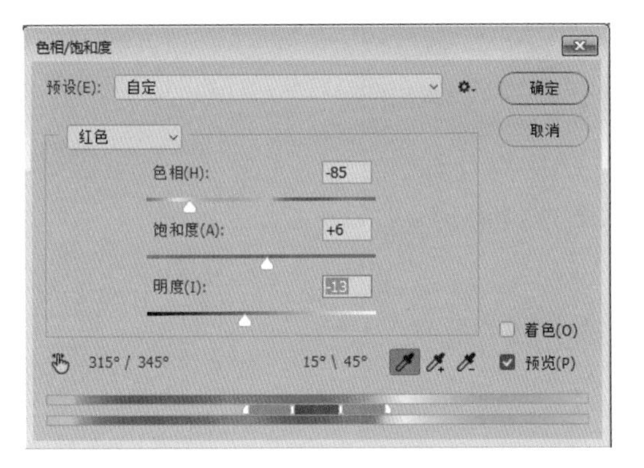

图 4-51　“色相/饱和度”对话框及参数设置

图 4-52　调整色相/饱和度后的效果

（1）预设：可以从其下拉列表中选择提前设计好的色相/饱和度调整方案。

（2）通道：可以从其下拉列表中选择要调整的目标通道，如“全图”“红色”“黄色”等。

（3）色相：可以拖曳滑块或在右侧的文本框中直接输入图像的色相值来调整图像或目标通道的色相，取值范围为-180～180。

（4）饱和度：可以拖曳滑块或在右侧的文本框中直接输入图像的饱和度值来调整图像或目标通道的饱和度，取值范围为-100～100。

（5）明度：可以拖曳滑块或在右侧的文本框中直接输入图像的明度值来调整图像或目标通道的明暗程度，取值范围为-100～100。

（6）：用来改变图像的色彩变化范围。当选中除“全图”以外的颜色通道时，这 3 个吸管按钮才可使用。在吸管左侧显示了 4 个数值，分别对应于其下方颜色条上的 4 个游标。单击按钮后在图像中单击，可将单击点的颜色作为色彩变化的范围；单击按钮后在图像中单击，可在原有色彩范围的基础上增加当前单击点的颜色范围；单击按钮后在图像中单击，可在原有色彩范围的基础上删减当前单击点的颜色范围。

（7）着色：选中此复选框，可将当前图像或选区调整为单一的颜色。

3. 去色

“去色”命令用于在图像的原始色彩模式不发生改变的情况下，将图像的颜色去掉，得到灰度模式下的效果。如 RGB 颜色模式的图像经去色调整后，显示灰度模式的颜色，但仍然是 RGB 颜色模式。选择“图像→调整→去色”命令或按【Shift+Ctrl+U】组合键，即可进行去色调整。

4. 替换颜色

“替换颜色”命令主要用来替换图像中某个特定范围的颜色，可在图像中选取特定的颜色区域来调整其色相、饱和度和明度值。选择“图像→调整→替换颜色”命令，即可弹出“替换颜色”对话框，如图 4-53 所示。替换颜色效果如图 4-54 所示。。

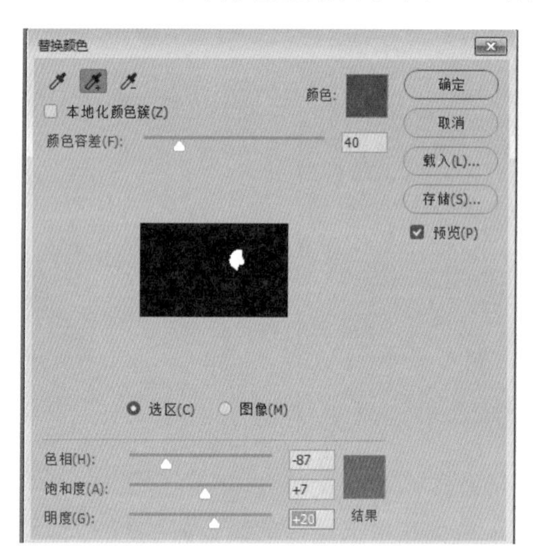

图 4-53 “替换颜色”对话框

图 4-54 替换颜色效果

（1）：用来选择色彩范围，确定替换颜色的选区。单击按钮后在图像中单击，选区缩览图中会显示出选中的颜色区域（白色表示选中，黑色表示未选中），该颜色将作为替换颜色；单击按钮后在图像中单击，可在原有替换色彩范围的基础上增加当前单击点的颜色范围；单击按钮后在图像中单击，可在原有替换色彩范围的基础上删减当前单击点的颜色范围。

（2）颜色容差：用来调整替换颜色的区域，值越大，替换颜色的图像区域越大。

（3）色相：用来设定替换颜色的色相。

（4）饱和度：用来设定替换颜色的饱和度。

（5）明度：用来设定替换颜色的明度。

5. 匹配颜色

“匹配颜色”命令主要用来将其他图像的颜色强度和明暗度复制到当前打开的图像中，使图像之间达到一致的外观效果。打开如图 4–55 和图 4–56 所示的图像“原图 1”和“原图 2”，激活“原图 1”所在的窗口，选择“图像→调整→匹配颜色”命令，即可弹出“匹配颜色”对话框，将“源”选择为“原图 2.jpg”，适当调整图像的“明亮度”“颜色强度”“渐隐”值，如图 4–57 所示，将得到如图 4–58 所示的效果。

图 4–55　原图 1

图 4–56　原图 2

图 4–57　“匹配颜色”对话框

图 4–58　调整“匹配颜色”后的效果

（1）目标：当前打开的，将被粘贴新的颜色和对比度的图像。

（2）源：被复制颜色和对比度的图像。

6. 可选颜色

“可选颜色”命令主要用来选择某种颜色范围，对图像进行有针对性的修改，在不影响其他原色的情况下修改图像中某种原色的数量，使印刷出的颜色更加准确。选择“图像→调整→可选颜色”命令，即可弹出“可选颜色”对话框，如图 4-59 所示。

（1）颜色：用于设置要调整的颜色，有“红色”“黄色”“绿色”“青色”“蓝色”“洋红”“白色”“中性色”“黑色”9 个选项。

（2）青色、洋红、黄色、黑色：通过拖曳滑块或在右侧的文本框中输入数值来调整所选颜色的成分，取值范围为-100%～100%。

（3）方法：其选项组中设有两个单选项，分别为“相对”和“绝对”。选择“相对”单选项，可以按照总量的百分比更改现有的青色、洋红、黄色和黑色的含量；选择“绝对”单选项，可以按照增加或减少的绝对值更改现有的颜色。

7. 通道混合器

“通道混合器”命令主要用来通过颜色通道的混合来修改颜色通道，产生图像合成效果。选择“图像→调整→通道混合器”命令，即可弹出“通道混和器”对话框，如图 4-60 所示。

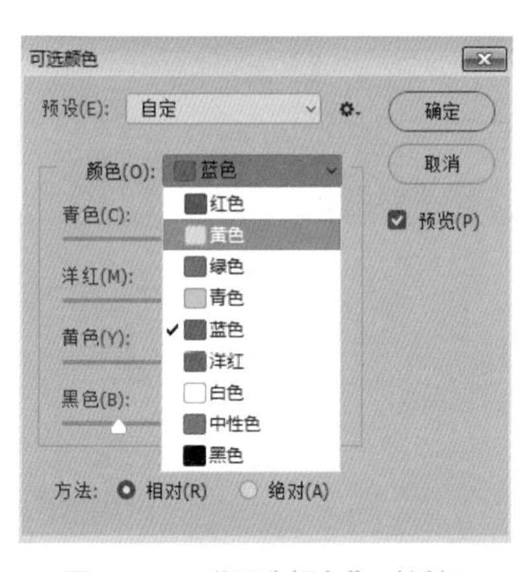

图 4-59 “可选颜色”对话框

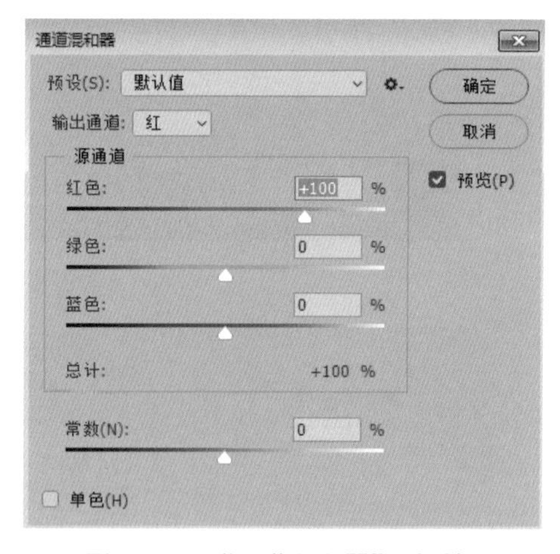

图 4-60 “通道混和器”对话框

（1）预设：可以从其下拉列表中选择系统自带的预设值，对图像进行调整。通过选择不同的预设值，可以制作出多种颜色滤镜下的黑白照片效果。

（2）输出通道：可以从其下拉列表中选择要调整的颜色通道。

（3）源通道：用来调整源通道红色、绿色、蓝色在输出通道中所占的百分比，取值范围为-200%～200%，值越大，该颜色的饱和度就越高。“总计”显示的是这 3 种颜色混合比例的总和。

（4）常数：用来设置所调整图像的明暗程度，向右拖曳滑块可以使图像变亮，向左拖

曳滑块可以使图像变暗。

（5）单色：选中此复选框，可以将彩色图像变成单色图像，但是并不改变图像的颜色模式。

8. 渐变映射

“渐变映射”命令主要用来在图像上蒙上一种指定的渐变色，以产生特殊的效果。渐变映射首先将图像转换为灰度模式，然后将渐变色由左至右或沿相反方向依次划分的阴影、中间调、高光等部分，与图像的阴影、中间调、高光一一对应着色。选择“图像→调整→渐变映射”命令，即可弹出“渐变映射”对话框，如图 4-61 所示。

（1）灰度映射所用的渐变：可以从其下拉列表中选择渐变颜色；或单击渐变条，在打开的“渐变编辑器”窗口中选择和编辑渐变颜色。

（2）仿色：选中该复选框，将实现抖动渐变。

（3）反向：选中该复选框，将实现反转渐变。

9. 照片滤镜

“照片滤镜”命令主要用来模仿在相机镜头前安装彩色滤镜，以便调整通过镜头传输的光的色彩平衡和色温。选择“图像→调整→照片滤镜”命令，即可弹出“照片滤镜”对话框，如图 4-62 所示。

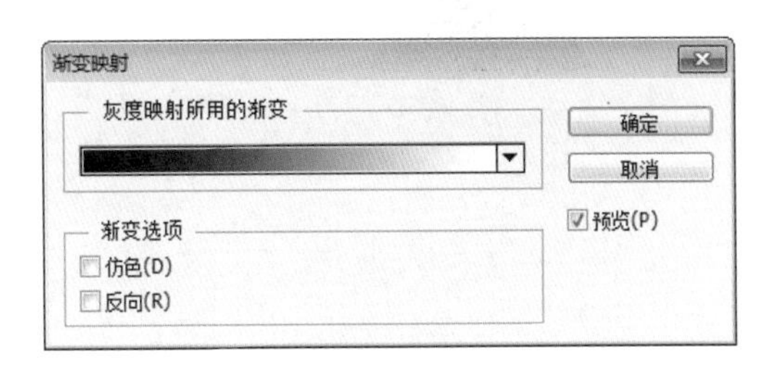

图 4-61 “渐变映射”对话框

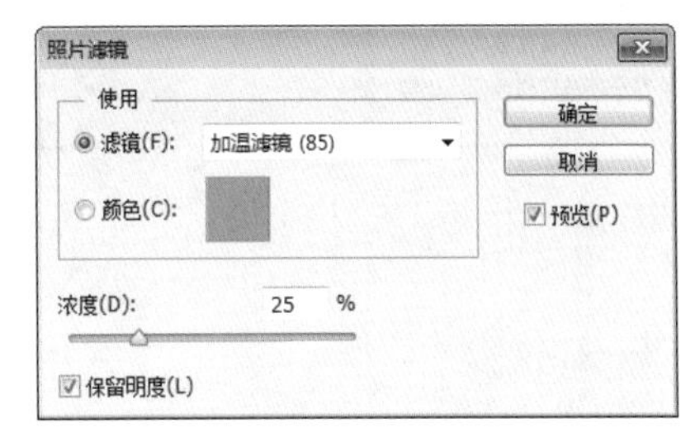

图 4-62 “照片滤镜”对话框

4.5 其他调整命令的使用

用户在处理图像时往往需要用一些特殊的色调控制命令来调整图像，这类调整命令主要包括“反相”“色调均化”“阈值”“色调分离”“阴影/高光”等。

1. 反相

“反相”命令用来将图像的颜色变成其互补色，而且不会丢失图像的颜色信息。选择“图像→调整→反相”命令，或按【Ctrl+I】组合键，即可使图像的色彩反转。

2. 色调均化

“色调均化”命令用来重新分配图像中各像素的亮度值，将最暗的像素变为黑色，将最亮的像素变为白色，中间像素均匀分布，使图像的色彩分布更为均匀。选择“图像→调整→色调均化”命令，若对整个图像执行该命令，则使图像进行色调均化调整；若对图像的一部分执行该命令，即可弹出“色调均化”对话框，如图 4-63 所示。

（1）仅色调均化所选区域：选中此单选项，色调均化仅对选区中的图像起作用。

（2）基于所选区域色调均化整个图像：选中此单选项，色调均化以选区中图像的最亮和最暗像素为基准对图像进行调整。

3. 阈值

“阈值”命令用来将灰度图像或彩色图像转换为高对比度的黑白图像。通过指定某个色阶作为阈值，所有比阈值亮的像素转换为白色，而所有比阈值暗的像素转换为黑色。选择“图像→调整→阈值”命令，即可弹出“阈值”对话框，如图 4-64 所示。阈值色阶的取值范围为 1～255，该值越大，黑色像素分布越广；该值越小，白色像素分布越广。

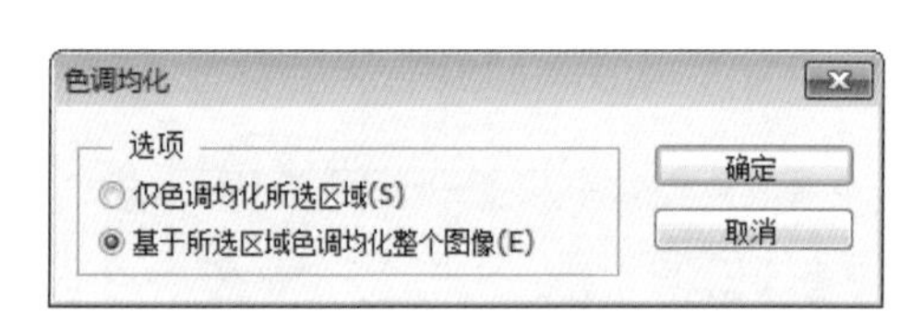

图 4-63 “色调均化”对话框

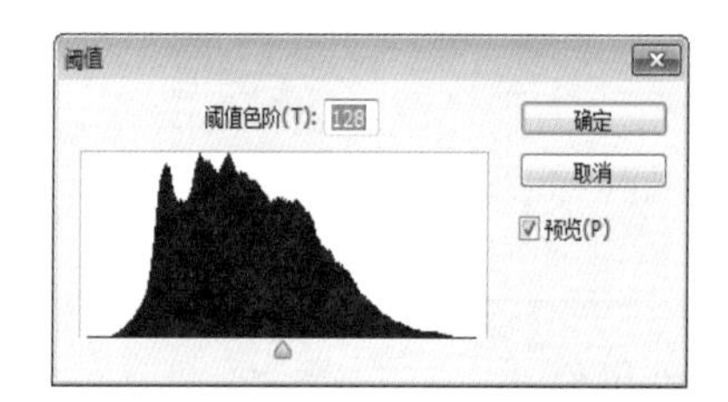

图 4-64 “阈值”对话框

4. 色调分离

“色调分离”命令用来将色彩的色调数减少，制作出色调分离的特殊效果。选择“图像→调整→色调分离”命令，即可弹出“色调分离”对话框，如图 4-65 所示，其中，“色阶”参数用于设置图像色调变化的剧烈程度，该值越小，图像色调变化越剧烈，效果越明显。

5. 阴影/高光

“阴影/高光”命令不是用来简单地调节图像的整体亮度，而是使基于阴影或高光的局部像素变亮或变暗。它可以用来调整图像局部的暗部或亮部，而不对画面其余部分产生过多的影响。选择“图像→调整→阴影/高光”命令，即可弹出“阴影/高光”对话框，如图 4-66 所示。

总之，在 Photoshop CC 中进行图像色调和色彩调整，一般需要创建一个调整图层，便于对比和修改。进行图像的色调调整一般选择“色阶”“曲线”命令；进行色彩调整一般选择“色相/饱和度”“阴影/高光”命令。图像色调和色彩调整是一项复杂而专业的操作，不仅要求操作者具有一定的色彩理论知识，熟练掌握 Photoshop CC 中的各项色彩调整命令，

而且要求在色彩调整实践中不断摸索，总结经验，提高对颜色的敏锐性，把握颜色调整的基本规律，在颜色校正过程中真正轻松地“驾驭”颜色。

图 4–65　“色调分离”对话框

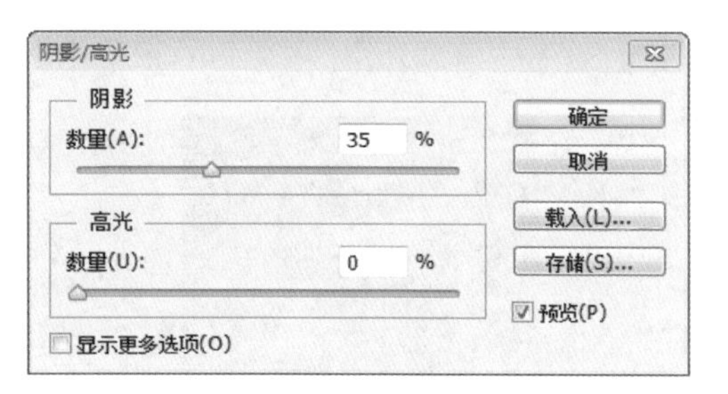

图 4–66　“阴影/高光”对话框

一、填空题

1．在“曲线”对话框中，当“输入/输出”的坐标值以百分比为单位时，若曲线向左上方弯曲则图像的变化是______________。

2．色相是指____________________，是色彩最明显的特征。

3．要将当前图像中所有像素的颜色变成互补色，可以按______________组合键。

4．亮度又称__________，即色彩深浅的差别。

5．画面是由具有某种内在联系的各种色彩组成的一个完整统一的整体，形成画面色彩的总的趋向称为____________。

6．________模式用黑色和白色来表示图像中的像素，适于黑白图像输出。

7．将一幅彩色图像转换为位图模式，应先将其转换为____________模式。

8．________模式由亮度分量（L）、从绿色到红色色度分量（a）和从蓝色到黄色色度分量（b）组成，涵盖的颜色范围最广。

9．Photoshop 提供的____________能较直观地显示出图像基本的色调分布情况。

10．____________命令是一种应用非常广泛的色调调整命令，借助曲线可以调整图像的亮度、对比度、色彩等。

11．____________命令用于在图像的原始色彩模式不发生改变的情况下，将图像的颜色去掉，得到灰度模式下的效果。

二、简答题

在 Photoshop CC 中，如何将黑白位图图像转换为彩色图像？

三、上机操作题

1．根据提供的素材文件“松鼠”，如图 4-67 所示，利用“色阶”或“曲线”命令调整各通道下的色调，完成如图 4-68 所示的效果。

图 4-67　松鼠

图 4-68　效果

2．根据提供的素材文件“小男孩”，如图 4-69 所示，利用“替换颜色”命令调整图像，完成如图 4-70 所示的效果。

图 4-69　小男孩

图 4-70　效果

3．根据提供的素材文件“眼眸”，如图 4-71 所示，利用“色相/饱和度”“替换颜色”等命令调整图像的色彩，完成如图 4-72 所示的效果。（提示：选中眼球，利用“色相/饱和度”命令。）

图 4-71　眼眸

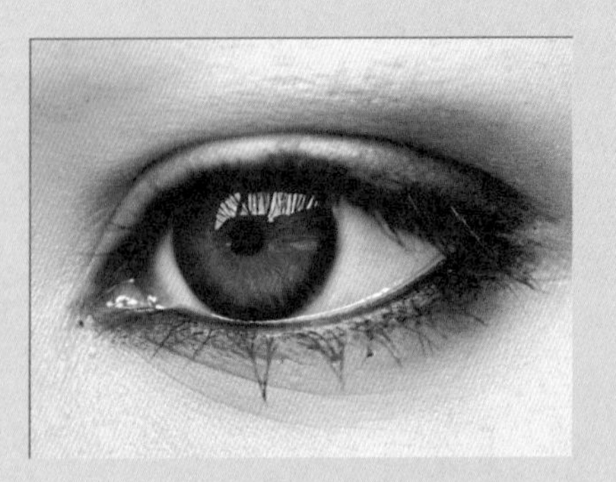
图 4-72　效果

滤　　镜

案例 16　制作火焰字——风和波纹等滤镜的应用

案例描述

制作如图 5-1 所示的火焰字效果。

图 5-1　火焰字效果

案例解析

- 利用风、扩散、高斯模糊和波纹滤镜制作火苗效果。
- 利用“通道”面板保留文字选区。
- 调整图像模式，利用颜色表制作火焰。

案例实现

（1）选择“文件→新建”命令，新建 500 像素×500 像素的文件，颜色模式为灰度。

（2）设置前景色为白色，背景色为黑色，按【Ctrl+Delete】组合键将“背景”图层填充为黑色。选择“横排文字工具”，设置字体为“华文彩云”，字号为 72，输入文字“火焰字”，如图 5-2 所示。

（3）打开“通道”面板，将灰色通道拖曳到“创建新通道”按钮上，得到新通道，命名为“文字选区”，用来保存文字选区。激活“灰色”通道，选择“图像→图像旋转→顺时针 90 度”命令，旋转画布，得到如图 5-3 所示的效果。

（4）选择“滤镜→风格化→风”命令，弹出“风”对话框，进行参数设置，如图 5-4 所示，单击“确定”按钮，得到风的效果，但效果不是很明显，因此连续按两次【Alt+Ctrl+F】组合键重复执行上一次应用的风滤镜，得到如图 5-5 所示的效果。

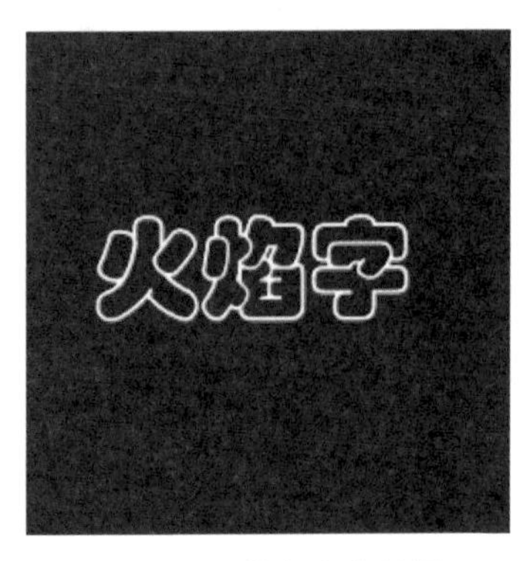

图 5-2　输入文字效果

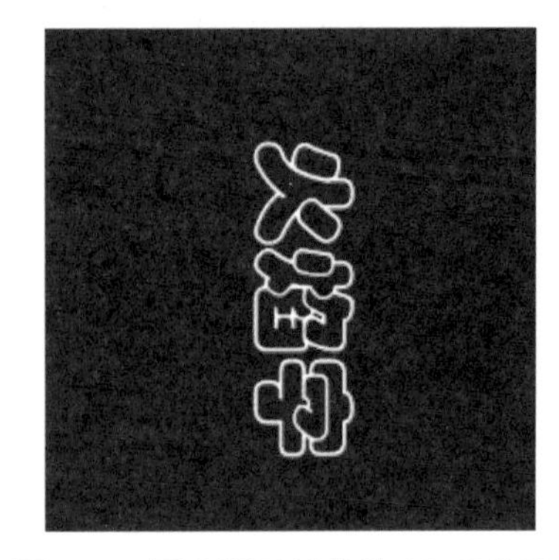

图 5-3　画布顺时针旋转 90 度效果

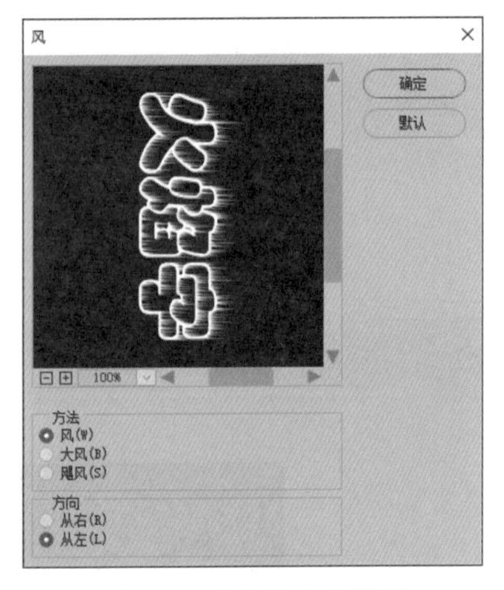

图 5-4　风滤镜参数设置

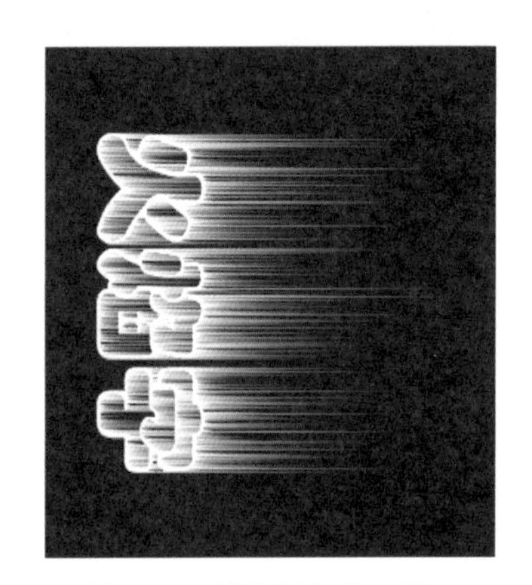

图 5-5　风滤镜最终效果

（5）选择“图像→图像旋转→逆时针 90 度”命令，将画布转回初始状态。选择“滤镜→风格化→扩散”命令，设置模式为“变暗优先”，如图 5-6 所示。选择“滤镜→模糊→高斯模糊”命令，设置半径为 3 像素，如图 5-7 所示。

图 5-6　扩散滤镜参数设置

图 5-7　高斯模糊滤镜参数设置

（6）选择“滤镜→扭曲→波纹”命令，设置数量为“100%”，大小为“中”，单击“确定”

按钮。打开“通道”面板，按住【Ctrl】键，单击“文字选区”通道，调出保存的文字选区，选择“编辑→填充”命令，设置填充颜色为浅灰色，得到如图 5-8 所示的效果。

（7）选择“图像→模式→索引颜色”命令，将图像转换为索引颜色模式，在弹出的对话框中单击“拼合”按钮，拼合图层。选择“图像→模式→颜色表”命令，将颜色表设置为“黑体”，如图 5-9 所示。单击“确定”按钮得到如图 5-1 所示的最终效果。最后按【Ctrl+D】组合键取消选区。

图 5-8　将文字选区填充为浅灰色

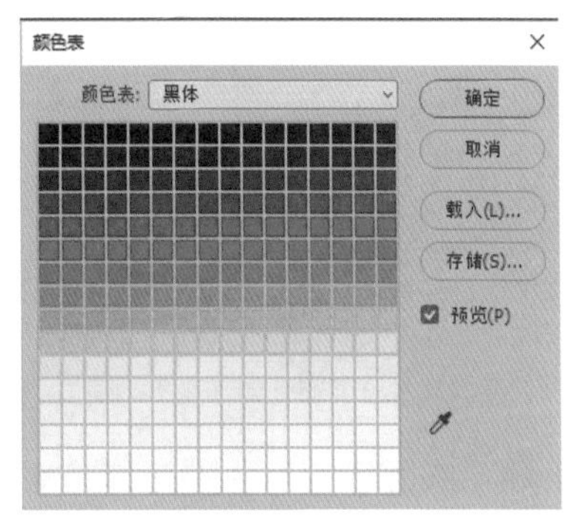

图 5-9　将颜色表设置为“黑体”

5.1 风格化滤镜组

在 Photoshop 中，风格化滤镜用来通过置换像素和查找并增加图像的对比度，在选区中生成绘画或印象派的效果，是完全模拟真实艺术手法进行创作的。风格化滤镜主要包括如图 5-10 所示的 9 种子滤镜。

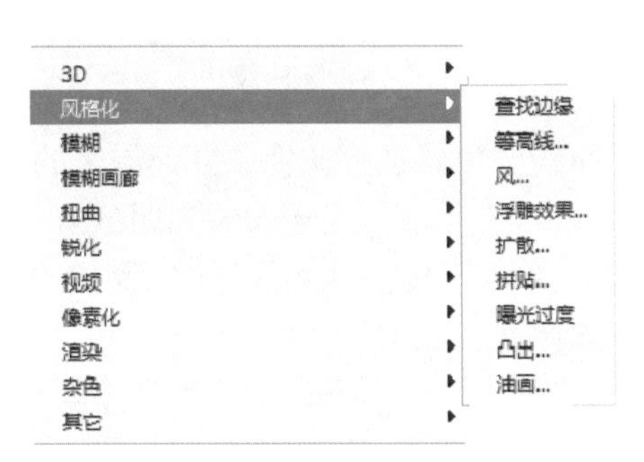

图 5-10　风格化滤镜组

在 Photoshop CS3 及之前的版本中，这一滤镜组中还包含照亮边缘滤镜。可以通过选择“滤镜→滤镜库”命令，在弹出的对话框中打开“风格化”，找到照亮边缘滤镜；也可以选择“编辑→首选项→增效工具”命令，选中“显示滤镜库的所有组和名称”复选框，这样就可以在风格化滤镜组中看到包含照亮边缘滤镜在内的全部（10 种）滤镜了。

（1）查找边缘：用相对于白色背景的深色线条来勾画图像的边缘，得到图像的大致轮廓，如果提高图像的对比度，则可以得到更为细致的边缘。查找边缘滤镜效果如图 5-11 所示。

（2）等高线：类似于查找边缘滤镜的效果，但允许指定过渡区域的色调水平，主要作用是勾画图像的色阶范围。其中，参数“色阶”用来指定颜色阈值，取值范围为 0~255；“较低”用来勾画低于指定色阶的像素；“较高”用来勾画高于指定色阶的像素。等高线滤镜效果如图 5-12 所示。

（3）照亮边缘：可以查找并标识图像的边缘，并向边缘添加发光效果。照亮边缘滤镜效果如图 5-13 所示。

图 5-11　查找边缘滤镜效果

图 5-12　等高线滤镜效果

图 5-13　照亮边缘滤镜效果

（4）风：在图像中色彩的边缘位置创建短而细的水平线来模拟风的效果，风的类型不同，得到的效果也不同。“风”用来模拟细致柔和的微风；“大风”则要强烈一些，图像会发生一些大的变化；“飓风”是最强烈的效果，图像会发生变形。不同类型的风滤镜效果如图 5-14 所示。

风

大风

飓风

图 5-14　风滤镜效果

（5）浮雕效果：可将图像的颜色转换为灰色，并用原来的颜色描绘图像的边缘，使图像得到凸起或凹陷的效果。其中，“角度”用于设置光照的方向，“高度”为图像凸起的高度，“数量”则用来控制浮雕效果的强弱。浮雕效果滤镜效果如图 5-15 所示。

（6）扩散：搅乱图像中的像素，使图像产生类似于透过磨砂玻璃观看的效果。不同的扩散模式将得到不同的效果，“正常”使图像边缘产生毛边效果，“变暗优先”则用较暗的像素代替较亮的像素，“变亮优先”则与“变暗优先”相反，“各向异性”可以创建柔和模糊的图像效果。

（7）拼贴：按指定的值将图像分裂为若干个正方形的拼贴图块，并按设置的位移百分比的值进行随机偏移，然后使用背景色、前景色、反向图像或者未改变图像来填充拼贴之间的区域。使用默认值情况下，拼贴滤镜效果如图 5-16 所示。

（8）曝光过度：使图像产生类似于摄影时照片短暂曝光的效果，如图 5-17 所示。

（9）凸出：将图像分割为指定的三维立方块或棱锥体。使用默认选项时的凸出滤镜效果如图 5-18 所示。

（10）油画：将图像转换为具有经典油画视觉效果的图像。可以通过调整画笔的描边

样式、描边清洁度数量和其他参数来调整油画的具体效果。

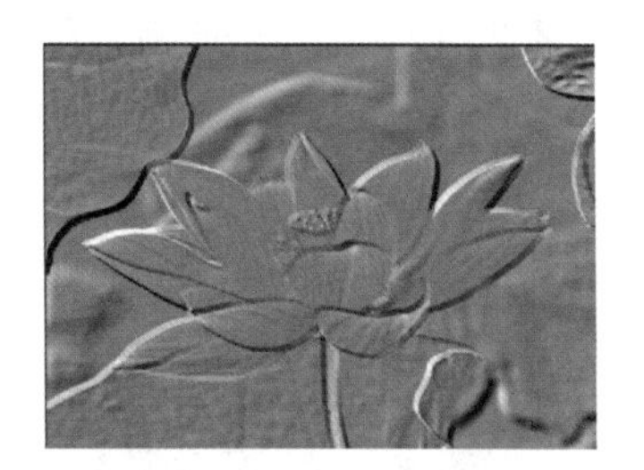
图 5–15　浮雕效果滤镜效果

图 5–16　拼贴滤镜效果

图 5–17　曝光过度滤镜效果

图 5–18　凸出滤镜效果

5.2 模糊滤镜组与模糊画廊滤镜组

1. 模糊滤镜组

模糊滤镜组中的滤镜，通过平衡图像中已定义的线条和遮蔽区边缘附近的像素，使图像变得柔和。模糊滤镜组包括的滤镜如图 5–19 所示。

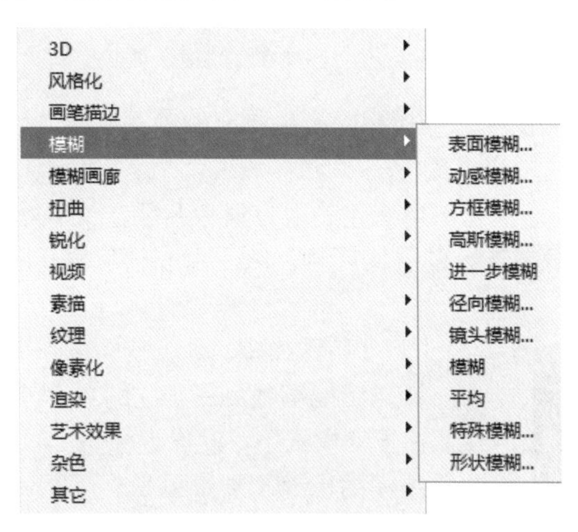

图 5–19　模糊滤镜组

（1）表面模糊：使图像表面产生模糊效果，在保留边缘的同时模糊图像，用于创建特殊效果并消除杂色或粒度。

（2）动感模糊：使图像产生动态模糊效果，类似于用固定的曝光时间给移动的物体拍摄照片，常用于制作动感较强的画面。动感模糊滤镜效果如图 5-20 所示。

（3）方框模糊：基于相邻像素的平均颜色值来模糊图像。此滤镜用于创建特殊效果，可以调整用于计算给定像素的平均值的区域大小，半径越大，产生的模糊效果越好。

（4）高斯模糊：为图像添加低频细节，使图像产生一种朦胧的感觉。高斯模糊只有一个参数，即模糊半径。高斯模糊滤镜效果如图 5-21 所示。

图 5-20　动感模糊滤镜效果

图 5-21　高斯模糊滤镜效果

（5）进一步模糊：使图像产生的模糊效果比模糊滤镜强 3～4 倍。

（6）径向模糊：模拟前后移动相机或旋转相机拍摄时所产生的柔和模糊效果。径向模糊有两种方式：旋转和缩放，不论是哪种方式，都可以通过拖曳鼠标指针来设置模糊中心的位置。图 5-22 展示的是原图在给定参数下的径向模糊滤镜效果。

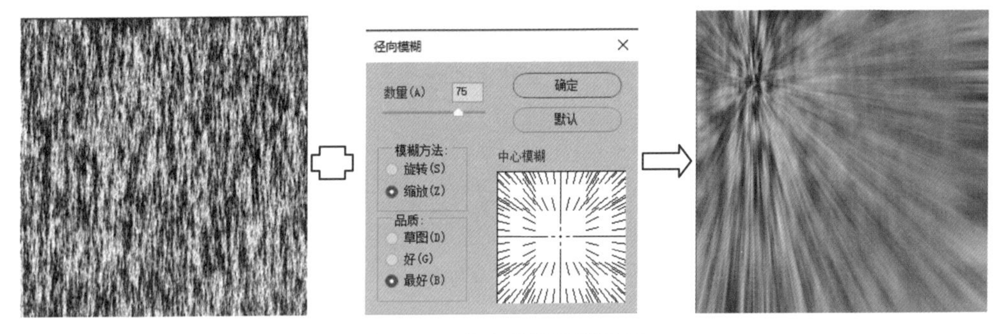

图 5-22　径向模糊滤镜效果

（7）镜头模糊：向图像中添加模糊以产生更窄的景深效果，以便使图像中的一些对象在焦点内，而使另一些区域变模糊。

（8）模糊：在图像中有显著颜色变化的地方消除杂色，以产生自然的整体模糊的效果。

（9）平均：找出图像或选区的平均颜色，然后用该颜色填充图像或选区以创建平滑的外观。

图 5-23　特殊模糊滤镜效果

（10）特殊模糊：可以使图像产生一种边界清晰的模糊效果。该滤镜能够找到图像边缘并只模糊图像边界线以内的区域。在正常模式下，设置半径为 14，阈值为 35。品质为高时的特殊模糊滤镜效果如图 5-23 所示。

（11）形状模糊：使用指定的内核来创建模糊。可以从自定形状预设列表中选取一种内核，并使用“半径”滑块来调整其大小。通过单击三角形并从列表中进行选取，可以载入不同的形状库。半径决定了内核的大小，内核越大，模糊效果越好。

2. 模糊画廊滤镜组

模糊画廊滤镜组包括场景模糊、光圈模糊、移轴模糊、路径模糊和旋转模糊 5 个滤镜。这 5 个滤镜的主要作用是模拟照片拍摄过程中的景深控制。场景模糊滤镜可以通过在图像中添加多个控制点来控制每个点的模糊程度，进一步模拟景深控制；光圈模糊滤镜是在图像中添加一个或多个光圈来模拟景深控制；移轴模糊滤镜可以制作上下模糊的效果；路径模糊滤镜可以沿一个或多个路径创建运动模糊的效果；旋转模糊滤镜则可以制作一点或多点旋转和模糊图像效果。5 个滤镜的效果如图 5-24 所示。

场景模糊滤镜

光圈模糊滤镜

移轴模糊滤镜

路径模糊滤镜

旋转模糊滤镜

图 5-24 模糊画廊滤镜组中各滤镜的效果

案例 17 制作褶皱布料上的文字——置换滤镜的应用

案例描述

在褶皱布料上添加文字图案，效果如图 5-25 所示。

图 5-25 褶皱布料添加文字效果

案例解析

- 利用置换滤镜制作文字置换效果。
- 利用图层样式的“颜色叠加”“斜面和浮雕”选项调整文字颜色和效果。

案例实现

（1）选择“文件→打开”命令，打开素材文件“布料”，单击“图层”面板下方的“创建新的填充或调整图层”按钮，选择“黑白”选项；选择“文件→存储”命令，以文件名“布料”保存文件。

（2）选择“文件→打开”命令，重新打开素材文件“布料”，将“背景”图层拖曳到“图层”面板下方的“创建新图层”按钮上，得到“背景 拷贝”图层。

（3）选择“横排文字工具”，将字体设置为“Brush Script Std”，字号为 72，输入文字“wjd”。按【Ctrl+T】组合键，将文字调整到适当大小，纵横比均为 500%，如图 5-26 所示。

（4）选择“文字”图层，选择“滤镜→扭曲→置换”命令，单击“转换为智能对象”按钮；在“置换”对话框中，将水平比例和垂直比例均设置为 15，单击“确定”按钮；在“选取一个置换图”对话框中，选择前面保存的“布料.psd”文件进行置换，效果如图 5-27 所示。

图 5-26　输入文字效果

图 5-27　文字置换后效果

（5）选择“文字”图层，将填充设置为 0%。用鼠标右键单击“文字”图层，在弹出的快捷菜单中选择“混合选项”命令，在弹出的“图层样式”对话框中选中并设置“颜色叠加”选项，混合模式选择“线性加深”，单击右侧的“设置叠加颜色”按钮，设置颜色值为 #7588a9；选中“斜面和浮雕”选项，参数设置如图 5-28 所示。

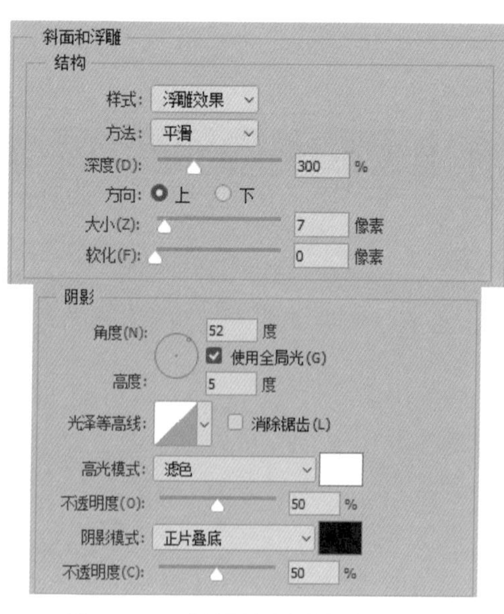

图 5-28　“斜面和浮雕”参数设置

（6）单击“确定”按钮，得到最终效果。

5.3 扭曲滤镜组

扭曲滤镜是用几何学的原理将一幅影像变形，以创造出三维效果或其他整体变化。每个滤镜都能产生一种或数种特殊效果，但都离不开一个特点：对影像中所选择的区域进行变形、扭曲。该滤镜组所包含的滤镜如图 5-29 所示。

（1）波浪：使用方法与波纹滤镜类似，但是该滤镜提供了更多选项，通过对“波长”“波幅”“生成器数”等参数的调整可进一步控制图像的变形效果。

（2）波纹：让图像产生如水池表面的波纹效果，通过“数量”和“大小”两个参数来控制所产生波纹的形态。

（3）玻璃：产生类似于透过不同类型的玻璃来观看图像的效果。

（4）海洋波纹：将随机分割的波纹添加到图像的表面，使图像产生如同映射在波动水面上的效果。

（5）极坐标：根据在“滤镜”对话框中设置的选项，将选区从平面坐标转换到极坐标，或者从极坐标转换到平面坐标。如图 5-30 展示了彩条的平面坐标状态和极坐标状态。

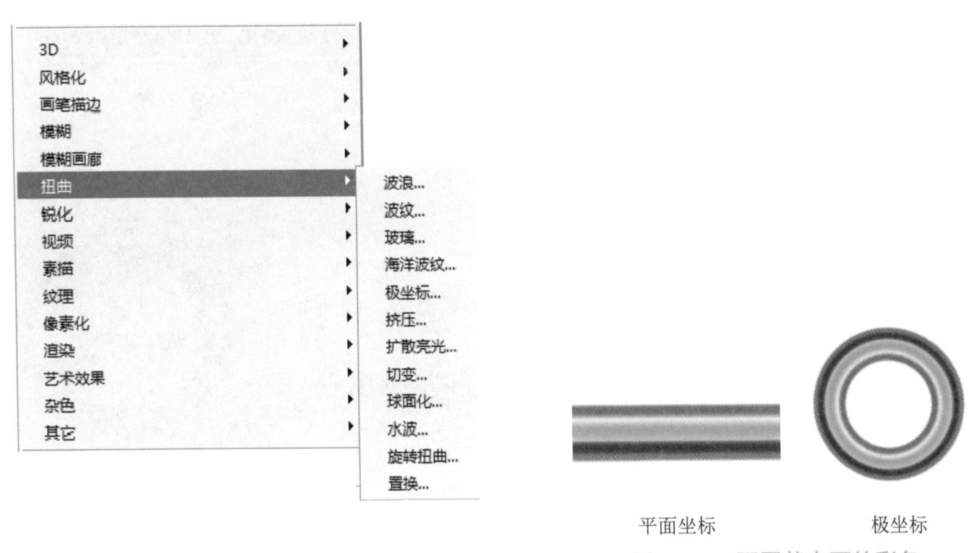

图 5-29　扭曲滤镜组

图 5-30　不同状态下的彩条

（6）挤压：使图像的中心产生凸起或凹下的效果。

（7）扩散亮光：通过加强明亮部分，起到光线扩散的效果。

（8）切变：在对话框中指定一条曲线，然后沿该曲线扭曲图像。“切变”对话框如图 5-31 所示。

（9）球面化：通过调整球形曲线，可将选区折成适合选中曲线的球形来扭曲图像，使图像产生立体效果。

（10）水波：可根据选区中像素的半径将选区径向扭曲，形成同心圆水波。

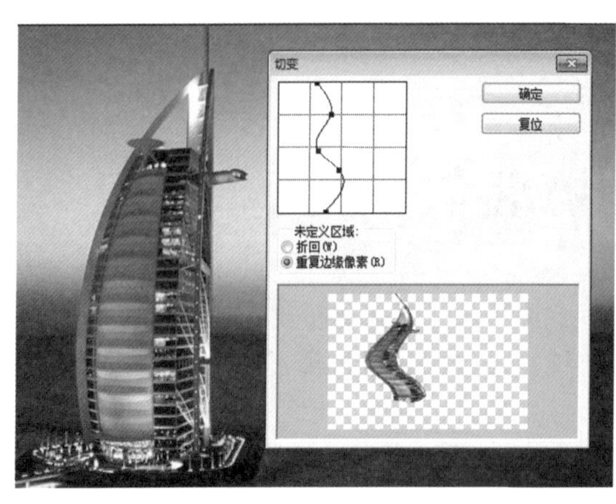

图 5-31 “切变”对话框

（11）旋转扭曲：以中心点为基准旋转图像产生变形，形成漩涡形状。“角度”用来控制扭曲程度，值越大，扭曲越明显。

（12）置换：通过指定置换图像来扭曲选区中的图像。

案例18 制作玉镯——渲染与杂色滤镜组的应用

案例描述

制作玉镯，效果如图 5-32 所示。

图 5-32 玉镯

案例解析

- 利用添加杂色滤镜和高斯模糊滤镜制作底层背景，利用“椭圆工具”绘制圆环。
- 利用云彩滤镜和“创建剪贴蒙版”命令为圆环添加纹路效果。
- 利用“渐变映射”为圆环添加颜色效果。
- 利用图层样式的“斜面和浮雕”“投影”和“内阴影”选项实现玉镯的效果。

案例实现

（1）选择“文件→新建”命令，新建 800 像素×800 像素的文件，颜色模式为 RGB。

（2）设置前景色为灰色（#b9b9b9），按【Shift+Ctrl+N】组合键新建图层，图层名称为“底层”，按【Alt+Delete】组合键填充该图层。选择“滤镜→杂色→添加杂色”命令，在弹出的“添加杂色”对话框中设置参数，如图 5-33 所示。选择“滤镜→模糊→高斯模糊”命令，在弹出的“高斯模糊”对话框中设置参数，如图 5-34 所示。

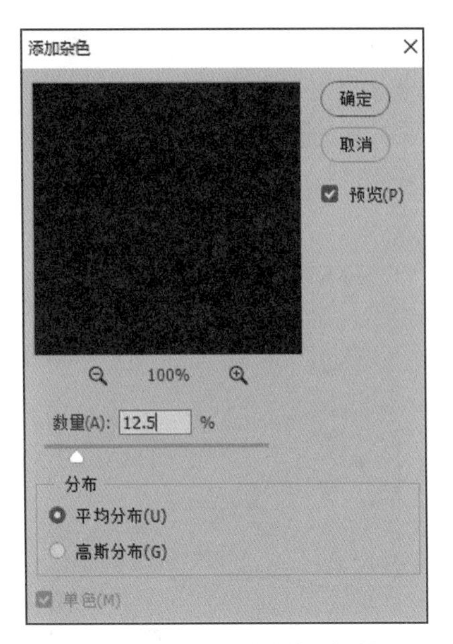

图 5-33 “添加杂色”对话框

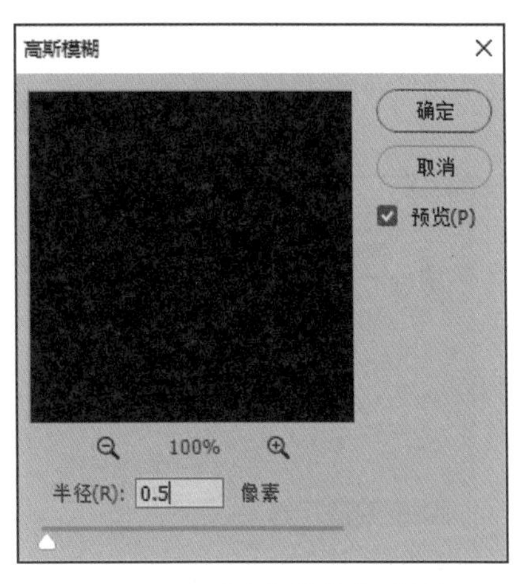

图 5-34 “高斯模糊”对话框

（3）按【Shift+Ctrl+N】组合键再次新建图层，图层名称为“圆环”。选择“椭圆工具”，按【Shift】键，在当前图层中绘制正圆形。选择“路径选择工具”，单击正圆形的边缘选取路径，按【Ctrl+C】组合键复制路径，按【Ctrl+V】组合键粘贴路径，按【Ctrl+T】组合键缩小圆形路径，单击属性栏中的“路径操作”按钮，在其下拉列表中选择“减去顶层形状”命令，如图 5-35 所示。选择“移动工具”，将圆环移至中心位置。

（4）在“圆环”图层上方新建图层，命名为“纹路”。选择“滤镜→渲染→云彩”命令，得到云彩效果。右击“纹路”图层缩览图，按【Alt+Ctrl+G】组合键创建剪贴蒙版，效果如图 5-36 所示。

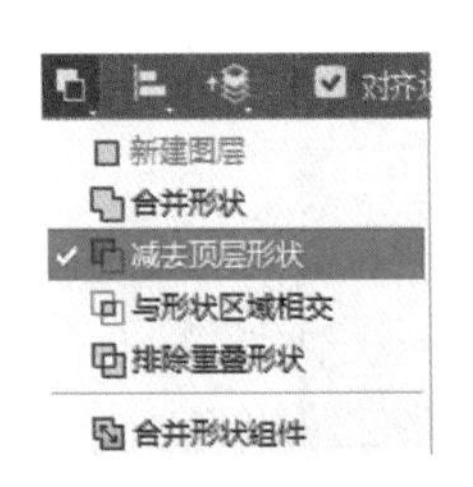

图 5-35 “减去顶层形状”命令

图 5-36 剪贴蒙版效果

（5）单击“图层”面板下方的“创建新的填充或调整图层”按钮，选择“渐变映射”选项。在“渐变映射”对话框中，先单击面板底部的和按钮，再单击面板上部的渐变颜色条，打开“渐变编辑器”窗口。其中，3 个色标的设置如下：左侧色标的颜色值为#20600c，位置为 20%；中间色标的颜色值为#6acf4b，位置为 45%；右侧色标的颜色值为#ffffff，位置为 90%，如图 5-37 所示。单击“确定”按钮返回“渐变映射”对话框，选中“仿色”复选框。

（6）右击“圆环”图层，在弹出的快捷菜单中选择“混合选项”命令，打开“图层样式”对话框。选中并设置“斜面和浮雕”选项，参数如图 5-38 所示。选中并设置“投影”选项，参数如图 5-39 左图所示；单击“投影”选项右侧的⊞按钮，新添加一个“投影”选项，参数如图 5-39 右图所示。选中并设置“内阴影”选项，参数如图 5-40 所示。单击“确定”按钮，完成玉镯整体效果设计。

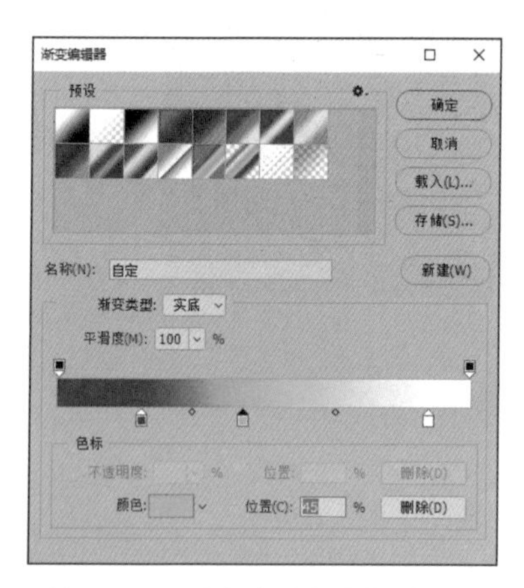

图 5-37 “渐变编辑器”窗口

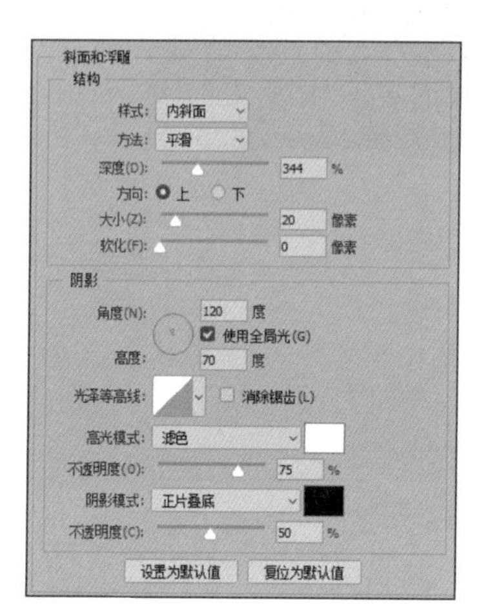

图 5-38 “斜面和浮雕”参数设置

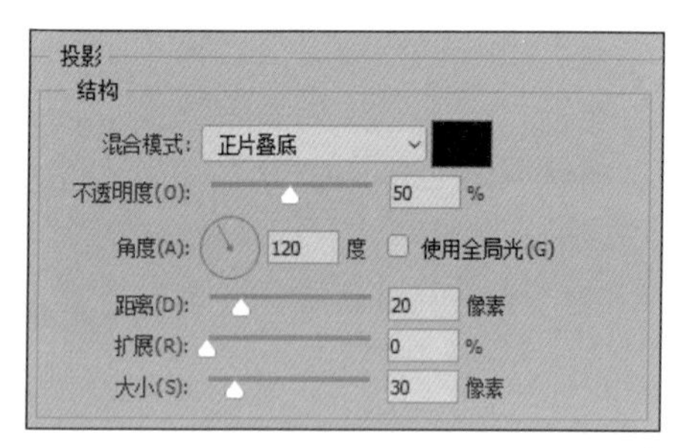

参数设置 1

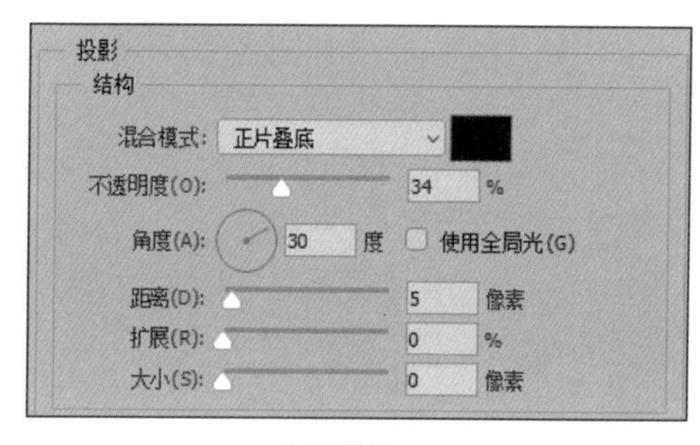

参数设置 2

图 5-39 “投影”参数设置

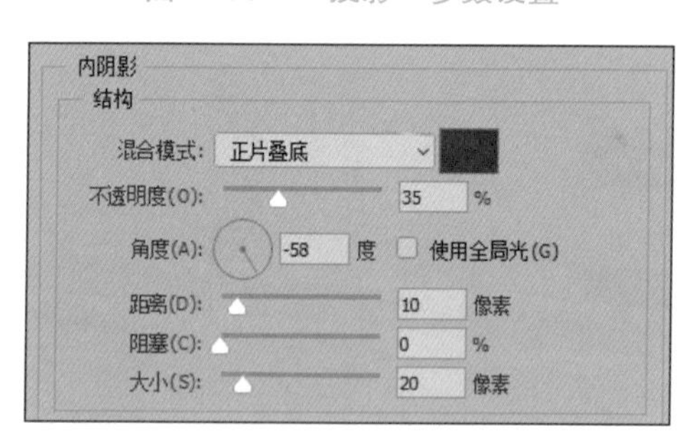

图 5-40 “内阴影”参数设置

5.4 渲染滤镜组

渲染滤镜可在图像中创建 3D 形状、云彩图案、折射图案和模拟的光反射，也可在 3D

空间中操纵对象，创建 3D 对象（立方体、球面和圆柱），并为灰度图像创建纹理填充以产生 3D 光照效果。渲染滤镜组包括火焰、图片框、树、分层云彩、光照效果、镜头光晕、纤维、云彩 8 种子滤镜。

（1）火焰：具有非常丰富的火焰类型，可以是木柴上燃烧的火，也可以是柔和的烛光。可以通过调整火焰的尺寸大小及火焰燃烧时表现出的不同速度、亮度、色彩状态等来设计各种各样的火焰效果。可使用第三方插件，但是插件参数设置比较复杂，渲染时间长。

（2）图片框：预设了 47 种不同的图片框样式，通过调整“边距”“大小”“排列方式”“花”“叶子”等参数控制图片框的实际效果。

（3）树：预设了 34 个不同种类的树木样式，通过调整“光照方向”“叶子数量”“叶子大小”“树枝高度”“树枝粗细”等参数控制树滤镜的效果。

（4）分层云彩：将云彩数据与当前的图像像素混合，并使用随机生成的介于前景色与背景色之间的值生成云彩图案。

（5）光照效果：提供了 17 种光照样式、3 种光照类型和 4 套光照属性，可以在 8 位 RGB 颜色模式的图像上产生无数种光照效果。在 Photoshop CC 中，应用光照效果滤镜将生成“光效”图层。将对话框底部的光照图标拖曳到预览区域可为图像添加光照，按需要重复应用，最多可获得 16 种光照；要删除光照，将图像中的光照圆圈拖曳到预览窗口右下角的“删除”图标上即可。

（6）镜头光晕：用来模拟光照射到相机镜头时所产生的折射效果。镜头光晕滤镜共有两个参数：“亮度”参数用来控制光晕的亮度，“镜头类型”参数用来设置所选的镜头类型。图 5-41 展示的是“亮度”为“100%”、镜头类型为“50-300 毫米变焦”时的镜头光晕滤镜参数设置与效果。

图 5-41　镜头光晕滤镜参数设置与效果

（7）纤维：在前景色与背景色之间产生类似于纤维的效果，与云彩滤镜效果一样，如果当前图层有图像，原有图像将会被纤维滤镜效果代替。

（8）云彩：在前景色与背景色之间产生柔和的云彩滤镜效果，效果随机。如果当前图层有图像，云彩滤镜会将其代替。

5.5 杂色滤镜组

杂色滤镜可以为图像添加或减少杂色或带有随机分布色阶的像素，有助于将选区混合到周围的像素中。杂色滤镜可以创建与众不同的纹理或移动有问题的区域，如灰尘与划痕等。杂色滤镜组包括减少杂色、蒙尘与划痕、去斑、添加杂色、中间值 5 种子滤镜。

（1）减少杂色：在基于整个图像或各个通道设置保留细节的同时，移去图像或选区的不自然感。图像的杂色显示为随机的无关像素，这些像素不是图像细节的一部分。当为原图像设置一定的参数时，得到的效果如图 5-42 所示。

原图

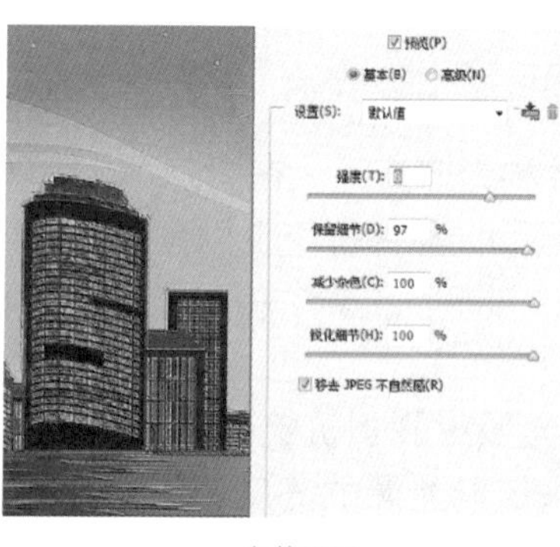

参数设置

效果图

图 5-42 原图像、减少杂色滤镜参数设置与效果图

（2）蒙尘与划痕：通过更改相异的像素来减少杂色。为了平衡锐化图像与隐藏瑕疵之间的矛盾，可以尝试在“半径”和“阈值”之间设置多种组合，或者在图像的选区中应用蒙尘与划痕滤镜。对如图 5-43 左图所示的图像设置“半径”为 6 像素、“阈值”为 0 时的效果如图 5-43 右图所示。

原图

效果图

图 5-43 原图像、蒙尘与划痕滤镜效果图

（3）去斑：检测图像发生显著颜色变化区域的边缘并模糊除边缘以外的所有选区。去斑滤镜在移去杂色的同时，会尽量保留图像的细节。

（4）添加杂色：将随机像素应用于图像，模拟在高速胶片上拍照的效果。添加杂色滤

镜还可以减少羽化选区或渐变填充中的条纹，或使经过重大修饰的区域看起来更真实。

（5）中间值：通过混合选区中像素的亮度来减少图像的杂色，在消除或减少图像的动感效果时非常有用。当设置“半径”为 74 像素时，可为如图 5-44 左图所示的图像背景添加中间值滤镜，得到如图 5-44 右图所示的效果。

原图

效果图

图 5-44　原图像、中间值滤镜效果图

5.6 锐化滤镜组

锐化滤镜通过增加相邻像素的对比度来聚焦模糊的图像，提高图像的清晰度。锐化滤镜组中包括 USM 锐化、防抖、锐化和进一步锐化、锐化边缘、智能锐化等子滤镜。

（1）USM 锐化：用来锐化图像的边缘，可以快速调整图像边缘细节的对比度，并在边缘的两侧生成一条亮线和一条暗线，使画面整体更加清晰。

（2）防抖：Photoshop CC 新增的滤镜，主要用于修正拍摄照片时由于手抖而造成的模糊，最大的优点是在锐化的同时不会出现过多的噪点。对如图 5-45 左图所示的图像应用防抖滤镜的效果如图 5-45 右图所示。

原图

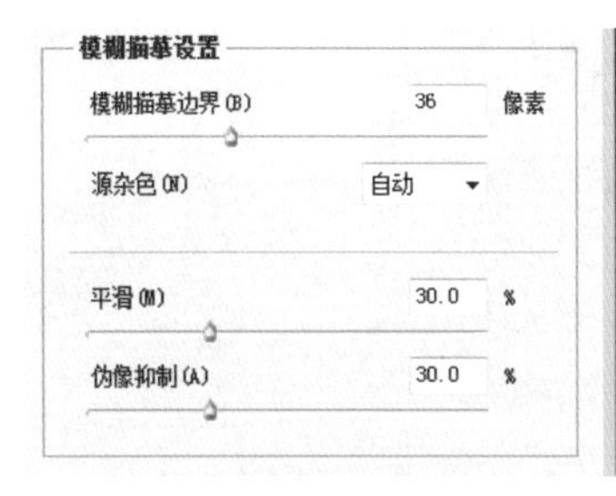

参数设置

效果图

图 5-45　原图像、防抖滤镜参数设置与效果图

（3）锐化和进一步锐化：聚焦选区并提高清晰度。进一步锐化滤镜比锐化滤镜应用更强的锐化效果。

（4）锐化边缘：在锐化边缘的同时保留总体的平滑度。

（5）智能锐化：通过设置锐化算法或控制在阴影区域和高光区域的锐化量来锐化图像，

而且能避免色晕等现象，使图像细节变得清晰。

5.7 像素化滤镜组

像素化滤镜可将图像分成一定的区域，并将这些区域转变为相应的色块，再由色块构成图像，类似于色彩构成的效果。像素化滤镜组所包含的滤镜如图 5-46 所示。

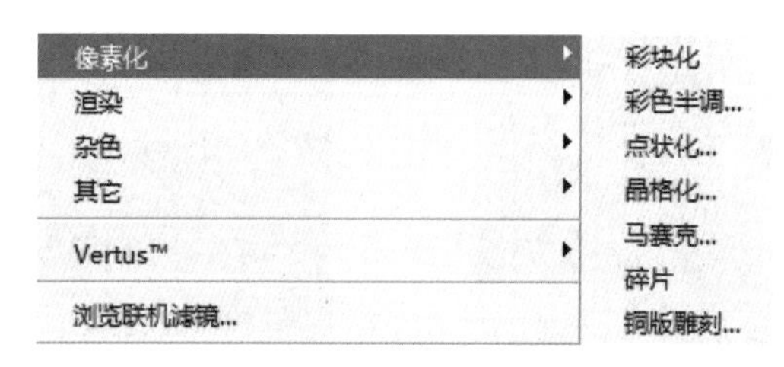

图 5-46 像素化滤镜组

（1）彩块化：使用纯色或相近颜色的像素结块来重新绘制图像，得到类似于手绘的效果。

（2）彩色半调：模拟在图像的每个通道上使用半调网屏的效果，将一个通道分解为若干矩形，然后用圆形替换矩形，圆形的大小与矩形的亮度成正比。图像颜色模式不同，可设置的通道数也不同，RGB 颜色模式可设置 3 个通道，CMYK 颜色模式则可设置 4 个通道。对 RGB 颜色模式的图像应用彩色半调滤镜后的效果如图 5-47 所示。

（3）点状化：将图像分解为随机分布的网点，模拟点状绘画的效果，并使用背景色填充网点之间的空白区域。对图像应用点状化滤镜的效果如图 5-48 所示。

图 5-47 彩色半调滤镜效果

图 5-48 点状化滤镜效果

（4）晶格化：使用多边形纯色结块重新绘制图像。

（5）马赛克：将像素结成方块。马赛克滤镜效果如图 5-49 所示。

（6）碎片：为图像创建 4 个相互偏移的副本，产生类似于重影的效果。

（7）铜版雕刻：使用黑白或颜色完全饱和的网点图案重新绘制图像。铜版雕刻滤镜共有 10 种雕刻类型，分别为精细点、中等点、粒状点、粗网点、短直线、中长直线、长直线、短描边、中长描边和长描边。图 5-50 展示的是短直线类型的铜版雕刻滤镜效果。

图 5-49　马赛克滤镜效果

图 5-50　铜版雕刻滤镜效果

5.8 3D 滤镜组

3D 滤镜可以对图像的部分区域进行三维立体变形操作，产生三维效果。典型应用是将图案附着在特定形状的物体上，包括立方体、球体及圆柱体。

5.9 视频滤镜组

视频滤镜属于 Photoshop CC 的外部接口程序，用来从摄像机输入图像或将图像输出到录像带上。

（1）NTSC 颜色：将色域限制在电视机重现可接受的范围内，以防止过饱和颜色渗到电视机扫描行中。此滤镜对基于视频的网络系统上的 Web 图像处理很有帮助。（注：此滤镜不能应用于灰度模式、CMYK 颜色模式和 Lab 颜色模式的图像）

（2）逐行：通过去掉视频图像中的奇数或偶数交错行，使在视频上捕捉的运动图像变得平滑。可以选择“复制”或“插值”方式来替换去掉的行。（注：此滤镜不能应用于 CMYK 颜色模式的图像）

5.10 其他滤镜

Photoshop CC 的其他滤镜包括 HSB/HSL（其中，H 表示色相，S 表示饱和度，B 表示明度，L 表示亮度）、高反差保留、位移、自定、最大值和最小值滤镜。

（1）HSB/HSL：可以把图像中每个像素的 RGB 值转换为 HSB 或 HSL，产生饱和度映射通道，转换为图层蒙版，对图像进行后期调整。

（2）高反差保留：按指定的半径保留图像边缘的细节。

（3）位移：按照输入的值在水平和垂直方向上移动图像。

（4）自定：根据预定义的数学运算规则更改图像中每个像素的亮度值，可以模拟出锐化、模糊或浮雕效果。可以将自己设置的参数存储起来以备日后调用。

（5）最大值：可以扩大图像的亮区和缩小图像的暗区。当前像素的亮度值将被所设定的半径范围内像素的最大亮度值替换。

（6）最小值：效果与最大值滤镜相反。

5.11 滤镜库

滤镜库中包含了 Photoshop CC 中的 6 组滤镜：风格化、画笔描边、扭曲、素描、纹理和艺术效果。其中，风格化滤镜组中只包含照亮边缘滤镜，扭曲滤镜组中包含玻璃、海洋波纹和扩散亮光 3 个滤镜。

通过滤镜库不仅能方便地设置各种滤镜效果，而且能叠加多个滤镜效果。在“滤镜库”对话框的右下角有一个显示窗口，能够列出当前应用的所有滤镜，如图 5-51 所示。单击对话框下方的“新建效果图层”按钮，可以新建一个与当前滤镜一样的滤镜效果图层，从而实现同一种滤镜的叠加。选择其他滤镜，当前滤镜效果图层就会被替换，从而实现不同滤镜效果的叠加。移动滤镜效果图层可以更改滤镜的添加顺序，进而改变图像的最终效果。

图 5-51 “滤镜库”对话框

1. 画笔描边滤镜组

画笔描边滤镜主要模拟使用不同的画笔和油墨进行描边创造出的绘画效果。画笔描边滤镜组包含 8 种子滤镜。

（1）成角的线条：使用对角描边重新绘制图像，用方向相反的线条来绘制亮区和暗区。

（2）墨水轮廓：以钢笔画的风格，用纤细的线条在原有细节上重绘图像。

（3）喷溅：模拟喷枪的效果，创建一种类似于透过浴室玻璃观看图像的效果。

（4）喷色描边：使用图像的主导色，用成角的、喷溅的有颜色线条重新绘制图像。设置描边长度为“5”、喷色半径为“20”时的喷色描边滤镜效果如图 5-52 所示。

（5）强化的边缘：强化图像的边缘。设置较高的边缘亮度时，强化效果类似于白色粉笔；设置较低的边缘亮度时，强化效果类似于黑色油墨。

（6）深色线条：用短的、绷紧的深色线条绘制暗区；用长的白色线条绘制亮区。

（7）烟灰墨：以日本画的风格绘制图像，使图像看起来像是用蘸满油墨的画笔在宣纸上绘画。烟灰墨滤镜使用非常黑的油墨来创建柔和的模糊边缘，效果如图 5-53 所示。

（8）阴影线：使用模拟的铅笔阴影线添加纹理，使彩色区域的边缘变得粗糙，同时会保留原始图像的细节和特征。

图 5-52　喷色描边滤镜效果

图 5-53　烟灰墨滤镜效果

2. 素描滤镜组

素描滤镜用于制作手绘图像的效果，简化图像的色彩。素描滤镜组中包含了 14 种子滤镜。

（1）半调图案：模拟半调网屏的效果，且保持连续的色调范围。

（2）便条纸：模拟纸浮雕的效果，与颗粒滤镜和浮雕滤镜先后作用于图像所产生的效果类似。

（3）粉笔和炭笔：创建类似于素描的效果。用粉笔线条绘制图像背景，用炭笔线条绘制暗区；粉笔绘制区应用背景色，炭笔绘制区应用前景色。“荷花”文件的粉笔和炭笔滤镜效果如图 5-54 所示。

（4）铬黄：将图像处理成银质的铬黄表面效果。亮部为高反射点，暗部为低反射点。

（5）绘图笔：使用线状油墨来勾画原图像的细节。油墨应用前景色，纸张应用背景色。“荷花”文件的绘图笔滤镜效果如图 5-55 所示。

图 5-54　粉笔和炭笔滤镜效果

图 5-55　绘图笔滤镜效果

（6）基底凸现：变换图像，使之呈浮雕和光照共同作用下的效果。图像的暗区使用前景色替换，亮区使用背景色替换。

（7）石膏效果：模仿立体石膏复制图像，然后使用前景色和背景色为图像上色。

（8）水彩画纸：产生类似于在纤维纸上涂抹的效果，并使颜色相互混合。

（9）撕边：重建图像，使之呈现撕破的纸片状，并用前景色和背景色对图像着色。

（10）炭笔：产生色调分离的、涂抹的素描效果。边缘用粗线条绘制，中间色调用对角描边进行勾画，效果如图 5-56 所示。

（11）炭精笔：可用来模拟炭精笔的纹理效果。暗区使用前景色，亮区使用背景色。

（12）图章：简化图像，使之呈现图章盖印的效果，为黑白图像应用图章滤镜效果最佳，效果如图 5-57 所示。

图 5-56　炭笔滤镜效果

图 5-57　图章滤镜效果

（13）网状：使图像的暗区结块，亮区好像被轻微颗粒化。

（14）影印：模拟影印图像效果。暗区趋向于边缘的描绘，而中间色调为纯白色或纯黑色。

3. 纹理滤镜组

纹理滤镜主要模拟各种纹理材质，为图像添加纹理效果。纹理滤镜组包含 6 种子滤镜，分别是龟裂缝、颗粒、马赛克拼贴、拼缀图、染色玻璃和纹理化。

（1）龟裂缝：根据图像的等高线生成精细的纹理，应用此纹理使图像产生浮雕效果。

（2）颗粒：模拟将不同的颗粒纹理添加到图像的效果，颗粒类型包括“常规”“软化”“喷洒”“结块”“强反差”“扩大”“点刻”“水平”“垂直”和“斑点”。

（3）马赛克拼贴：使图像看起来由方形的拼贴块组成，而且图像呈现出浮雕效果。

（4）拼缀图：将图像分解为由若干方形的图块组成的效果，图块的颜色由该区域的主色决定。为素材文件“荷花”添加拼缀图滤镜的效果如图 5-58 所示。

（5）染色玻璃：将图像重新绘制成彩块玻璃效果，边框由前景色填充。为素材文件“荷花”添加染色玻璃滤镜的效果如图 5-59 所示。

（6）纹理化：对图像直接应用自己选择的纹理，纹理类型有“砖形”“粗麻布”“画布”和“砂岩”4 种。

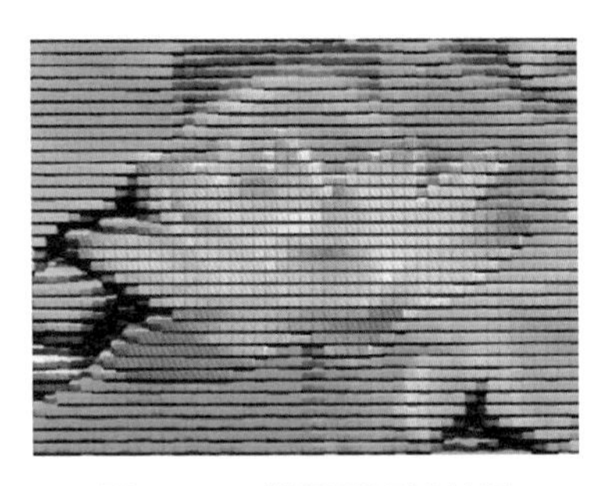

图 5-58　拼缀图滤镜效果

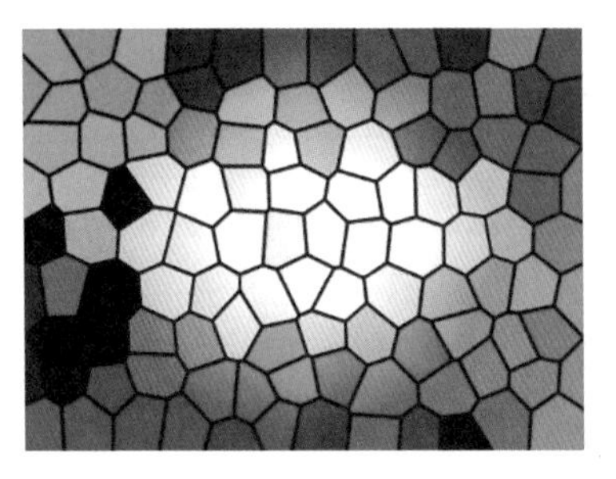

图 5-59　染色玻璃滤镜效果

4. 艺术效果滤镜组

艺术效果滤镜主要用来模仿自然或传统的艺术效果。艺术效果滤镜组共包含 15 种子滤镜。

（1）壁画：改变图像的对比度，使暗区的图像轮廓更清晰，就如同使用短而圆的小块颜料，以一种粗糙的风格绘图，最终形成一种类似于古壁画的效果。对素材文件“美女”应用壁画滤镜，得到如图 5-60 所示的效果。

（2）彩色铅笔：模拟使用彩色铅笔在纯色背景上绘制图像，主要的边缘被保留并带有粗糙的阴影线外观，纯色背景通过较光滑区域显示出来。

（3）粗糙蜡笔：模拟用彩色蜡笔在带纹理的图像上描边的效果。

（4）底纹效果：模拟将选择的纹理与图像相互融合在一起的效果。对素材文件“美女”应用底纹效果滤镜，得到如图 5-61 所示的效果。

（5）干画笔：模拟使用干画笔绘制图像，形成介于油画和水彩画之间的效果。

（6）海报边缘：使用黑色的线条来绘制图像的边缘。对素材文件“美女”应用海报边缘滤镜，得到如图 5-62 所示的效果。

图 5-60　壁画滤镜效果

图 5-61　底纹效果滤镜效果

图 5-62　海报边缘滤镜效果

（7）海绵：使用图像中颜色对比强烈、纹理较重的区域重新创建图像，使图像看起来如同用海绵绘制的一样。

（8）绘画涂抹：在绘画涂抹滤镜的对话框中提供了多种画笔类型，选择不同画笔类型将产生不同的绘图效果。

（9）胶片颗粒：给原图像增加一些均匀的颗粒状斑点，模拟图像的胶片颗粒效果。

（10）木刻：使高对比度的图像呈现剪影状，从而将图像描绘成如同用彩色纸片拼贴的一样。

（11）霓虹灯光：模拟霓虹灯光照射图像的效果，图像背景将用前景色填充。对素材文件“美女”应用霓虹灯光滤镜，得到如图 5-63 所示的效果。

（12）水彩：模拟水彩风格的图像，其中，“纹理”参数用来设置水彩各种颜色交界处的过渡变形方式。

（13）塑料包装：强调表面细节，使图像产生如同在表面裹了一层光亮的塑料薄膜的效果。

（14）调色刀：模拟油画绘制中使用的调色刀，减少图像中的细节，生成描绘得很淡的画布效果，并显示出图案下的纹理。对素材文件“美女”应用调色刀滤镜，得到如图 5-64 所示的效果。

图 5-63　霓虹灯光滤镜效果

图 5-64　调色刀滤镜效果

（15）涂抹棒：使用短的对角线描边涂抹图像的暗区，起到柔化图像的作用。涂抹棒滤镜可使图像的亮区变得更亮，以致失去图像细节。

5.12 自适应广角滤镜

使用自适应广角滤镜可校正因使用广角镜头而造成的镜头扭曲，可以快速拉直在全景图或采用鱼眼镜头和广角镜头拍摄的照片中看起来弯曲的线条。

该滤镜可以检测相机和镜头型号，并根据镜头特性拉直图像；可以添加多个约束，以指示图像不同部分的直线；可使用有关自适应广角滤镜的此项功能消除扭曲。

5.13 Camera Raw 滤镜

在以前的版本中，Camera Raw 作为一个调色用的插件存在，在 Photoshop CC 中，Camera Raw 以滤镜的形式出现，它能在不损坏原片的前提下，对图片进行快速、批量、高效的处理。

Camera Raw 滤镜包含的调整选项如图 5-65 所示。

图 5-65 Camera Raw 滤镜的调整选项

调整选项从左到右依次如下。

（1）基本调整：主要进行色调、色温、曝光度、对比度、清晰度、饱和度等基本调整。

（2）色调曲线：与“曲线”命令类似，对高光、阴影、各颜色通道等进行调整。

（3）细节：包括“锐化”与“减少杂色”两个方面。

（4）HSL/灰度：对图像进行“色相”“饱和度”和“明亮度”调整，也可转换为灰度图像后再进行相关调整。

（5）分离色调：分别对“高光”和“阴影”进行色相、饱和度的调整。

（6）镜头校正：分别就颜色和镜头扭曲度进行调整。

（7）效果：通过对“颗粒”和“裁剪后晕影”的调整，为图像增加不同效果。

（8）相机校准：对“色调”及“红”“绿”“蓝”三原色的色相、饱和度进行调整。

（9）辅助调整工具：除以上各项调整选项外，Camera Raw 滤镜还提供了几个工具进行辅助调整，如图 5-66 所示。

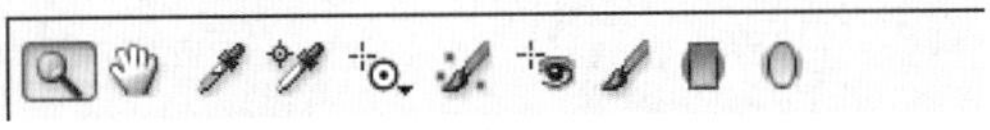

图 5-66 Camera Raw 滤镜的工具

图 5-66 中，从左到右依次为“缩放”“抓手”“白平衡”“颜色取样器”“目标调整”“污点去除”“红眼去除”“调整画笔”“渐变滤镜”和“径向滤镜”工具。

5.14 镜头校正滤镜

镜头校正滤镜根据 Adobe 公司对各种相机与镜头的测量自动校正，可以轻易消除桶状和枕状变形、照片周边暗角，以及造成边缘出现彩色光晕的色相差。

5.15 液化滤镜

液化滤镜通过推、拉、旋转、反射、折叠和膨胀使整个图像或者局部区域产生变形，这个变形可以是柔和的，也可以是剧烈的，常用来修饰图像或制作各种艺术效果。液化滤镜的对话框包括 3 个部分：左侧是工具区，中间是预览区，右侧是选项区。

1. 液化滤镜的工具

（1）向前变形：通过拖曳鼠标向前推动像素。

（2）重建：对变形的图像进行完全或部分恢复。

（3）平滑：依据变形前的曲线修复因变形操作造成的不平滑部分。

（4）顺时针旋转扭曲：按住鼠标左键或来回拖曳鼠标时，顺时针旋转图像；若要逆时针旋转，则需要在操作鼠标的同时按住【Alt】键。

（5）褶皱：按住鼠标左键或来回拖曳鼠标，周围像素将朝着画笔区域的中心移动。

（6）膨胀：按住鼠标左键或来回拖曳鼠标，周围像素将朝着离开画笔区域的中心移动。

（7）左推：垂直向上拖曳该工具时，像素向左移动（如果向下拖曳该工具，像素会向右移动）。围绕对象顺时针拖曳可以增加其大小，逆时针拖曳可以减小其大小。要在垂直向上拖曳时向右推动像素，在拖曳时按住【Alt】键即可。

（8）冻结蒙版：冻结预览图像区域，以防止用户更改这些区域。

（9）解冻蒙版：在冻结蒙版区域拖曳该工具可解除冻结。

（10）脸部：具备高级人脸识别功能，可自动识别眼睛、鼻子、嘴唇和其他面部特征，并对其进行调整。

（11）抓手和放大镜：与 Photoshop CC 工具栏中的“抓手工具”“放大镜工具”的使用方法相同。

2. 液化滤镜的选项

（1）画笔大小：设置用来扭曲图像的画笔的宽度。

（2）画笔压力：设置在图像中拖曳各工具时的扭曲速度。使用低画笔压力可减慢更改速度，因此更易于在恰到好处的时候停止。

（3）画笔速率：设置工具保持静止时的扭曲速度，数值越大，应用扭曲的速度就越快。

（4）光笔压力：使用光笔绘图板中的压力读数（只有在使用光笔绘图板时此复选框才可用）。选中“光笔压力”复选框后，工具的画笔压力为“光笔压力”与“画笔压力”值的乘积。

（5）人脸识别液化：最适合处理面朝相机的面部特征。照片中的人脸会自动被识别和选中。被识别的人脸可以通过眼睛、鼻子、嘴唇、脸部形状等参数进行局部调整。

（6）载入网格：可以载入网格、载入上次网格和存储网格。

（7）蒙版：选择要冻结的区域。

（8）视图：对图像、网格、蒙版及背景进行设置。

（9）重建：依照选定的模式重建图像。

案例19 为床单添加图案——消失点滤镜的应用

案例描述

制作如图 5-67 所示的床单图案效果。

案例解析

- 利用消失点滤镜给床单添加图案。

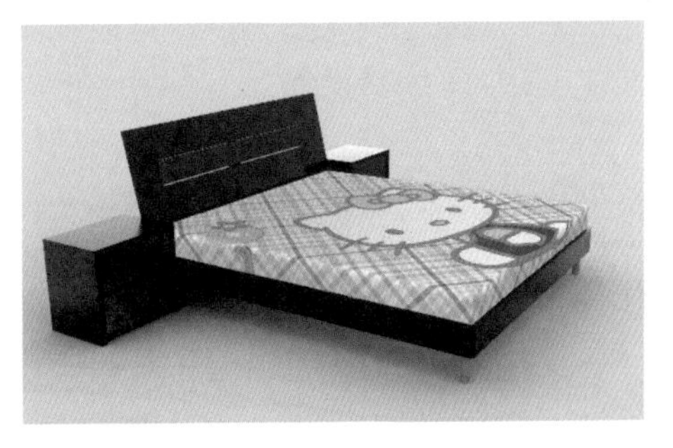

图 5-67　添加图案后的床单

案例实现

（1）选择“文件→打开”命令，打开“添加图案前的床单”素材文件。将“背景”图层移至“创建新图层”按钮上，建立“背景 拷贝”图层。

（2）选择“文件→打开”命令，打开“床单图案”素材文件，按【Ctrl+A】组合键选中整个图案，按【Ctrl+C】组合键复制图案。

（3）重新回到“添加图案前的床单”文件窗口，选择“背景 拷贝”图层，选择“滤镜→消失点”命令，打开“消失点”对话框，选择左侧的“创建平面工具”，使之处于按下状态，在床上表面的 4 个角依次单击鼠标，创建一个平面。再次选择左侧的“创建平面工具”后，将鼠标指针移至平面的左侧中间节点，待鼠标指针变成带有田字格的图标后拖曳鼠标添加侧面。同理，先选择“编辑平面工具”，再选择“创建平面工具”，创建相邻的另一个侧面，效果如图 5-68 所示。

（4）按【Ctrl+V】组合键，将床单图案粘贴到创建的平面上方，拖曳图案，使其嵌入平面内。选择“变换工具”，将图案拖曳到合适位置。如果需要调整图案的方向，只需将鼠标指针移至所建平面的边角位置，待鼠标指针变成双向箭头后拖曳图案即可完成。最后，单击“确定”按钮，完成床单图案添加，得到如图 5-69 所示的效果。

图 5-68　创建平面效果

图 5-69　图案添加效果

（5）单击“图层”面板中的“创建新图层”按钮，在新图层中利用“多边形套索工具”建立床上表面的选区，选择“渐变工具”添加黑白渐变填充色。将不透明度修改为 9%，得到阴影效果。使用同样的方法，在床单的两个侧面添加阴影效果。

（6）选择“背景”图层，利用“多边形套索工具”选取床头柜，按【Ctrl+J】组合键复制图层，将新图层调整到所有图层的最上方，得到最终效果。

5.16 消失点滤镜

消失点滤镜可以在包含透视平面（如建筑物侧面或任何矩形对象）的图像中进行透视

校正编辑。通过使用消失点，可以在图像中指定平面，然后应用诸如绘制、仿制、复制、粘贴、变换等编辑操作。

要使用消失点，选择“滤镜→消失点”命令，打开“消失点”对话框。该对话框中包含了用于定义透视平面的工具、用于编辑图像的工具以及一个工作中的图像预览。首先在预览图像中指定透视平面，然后就可以在这些平面中绘制、仿制、复制、粘贴和变换内容。

消失点滤镜提供了创建平面、编辑平面、图章、吸管、画笔等工具。

(1)创建平面：通过单击鼠标定义4个节点来创建透视平面。

(2)编辑平面：按住【Alt】键可以复制矩形选区；按住【Ctrl】键可以使用原图像素填充选框区域。

(3)图章：使用【Alt】键定义源。

(4)吸管：吸取图像上某个区域的颜色。

(5)画笔：配合“吸管工具”确定的颜色进行填充。

一、填空题

1．在液化滤镜的对话框中，________工具可以使图像产生收缩效果，________工具可以随意改变图像的形状。

2．重复执行上次应用的滤镜，可按________键，按________键可以渐隐滤镜效果。

3．马赛克滤镜属于________滤镜组，马赛克拼贴滤镜属于________滤镜组。

4．________滤镜可以在图像添加一些短而细的水平线来模拟风的效果。

5．Photoshop CC的锐化滤镜组中新增了一个________滤镜，用来去除拍照时因手抖造成的模糊。

6．在Photoshop CC中，________滤镜可使图像中过于清晰或对比度过于强烈的区域产生模糊效果，也可用于制作柔和阴影。

7．锐化滤镜组中的________滤镜可以锐化图像的边缘，使不同颜色之间的分界更加明显。

8．在Photoshop CC中，快速为人物瘦身可以使用________滤镜实现，如果想对头部进行调整可以使用该滤镜的________工具。

9．滤镜库的风格化滤镜组中只包含________滤镜。

10．________滤镜可以模拟光照射到相机镜头时所产生的折射效果。

二、上机操作题

1．打开素材文件“宝贝”，使用模糊画廊滤镜组中的模糊滤镜模拟景深控制，得到如图5-70所示的效果。

2．打开素材文件“帅哥”，使用液化滤镜为人物制作微笑效果，适当调整脸型和眼睛大小，效果如图 5-71 所示。

图 5-70　景深控制效果

图 5-71　帅哥微笑效果

3．利用风滤镜和动感模糊滤镜制作飞速奔驰的汽车，营造画面的动感效果，如图 5-72 所示。

4．利用云彩滤镜、铜版雕刻滤镜、模糊滤镜组及图层混合模式制作出如图 5-73 所示的光晕效果。

图 5-72　飞速奔驰的汽车

图 5-73　光晕效果

5．打开素材文件“雪后”，利用添加杂色滤镜、晶格化滤镜、动态模糊滤镜及“图像”菜单中的“阈值”命令制作漫天飞雪效果，如图 5-74 所示。

6．打开素材文件“花朵”，利用高斯模糊滤镜制作突出花朵主体效果，如图 5-75 所示。

图 5-74　漫天飞雪效果

图 5-75　突出花朵主体效果

7. 打开素材文件“客厅”及“壁画”，利用消失点滤镜制作客厅壁画效果，如图 5-76 所示。

图 5-76　客厅壁画效果

模块 6

动作、批处理、动画及 3D 功能

案例20 批量为图像添加相框和水印文字——动作和批处理的应用

案例描述

自动为一批图像添加相框和水印文字，如图 6-1 所示。

图 6-1　为图像添加相框和水印文字

案例解析

- 使用“动作”面板记录操作过程。
- 使用“填充”命令为图像添加相框。
- 使用“批处理”命令为批量图像添加相框和水印文字。

案例实现

（1）选择“文件→打开”命令，弹出“打开”对话框，选择“素材”文件夹中的任意一幅图像，单击“打开”按钮。

（2）选择“窗口→动作”命令或按【Alt+F9】组合键打开“动作”面板，单击“创建新组”按钮，弹出如图 6-2 所示的“新建组”对话框，输入动作名称“添加相框和水印文字”，单击“确定”按钮。

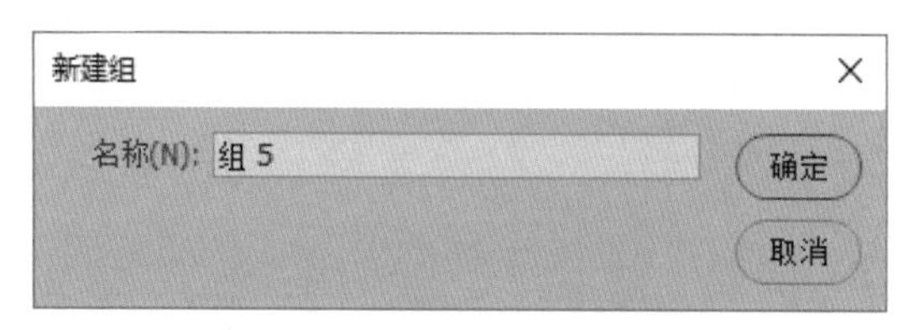

图 6-2 “新建组”对话框

（3）单击“动作”面板中的“创建新动作”按钮，打开如图 6-3 所示的“新建动作”对话框，单击“记录”按钮，“动作”面板下方出现红色圆圈，表明处于动作记录状态。

（4）按【Ctrl+A】组合键，选中“背景”图层中的所有图像，选择“选择→修改→收缩”命令，打开如图 6-4 所示的“收缩选区”对话框，将收缩量设置为 20 像素，并选中“应用画布边界的效果”复选框，单击“确定”按钮。

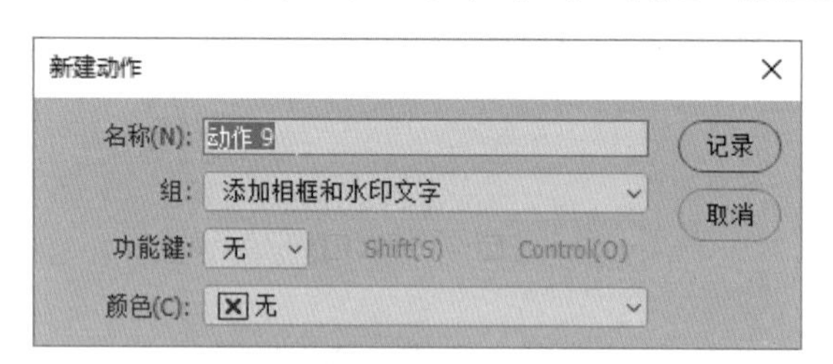

图 6-3 “新建动作”对话框

图 6-4 “收缩选区”对话框

（5）按【Shift+Ctrl+I】组合键，反选选区，新建一个图层，并使新建图层成为当前图层，选择“编辑→填充”命令，打开“填充”对话框，如图 6-5 所示，将填充内容设置为“图案”，自定图案选择“石头”，单击“确定”按钮，为图像添加相框。

（6）单击“图层”面板底部的“添加图层样式”按钮，在弹出的图层样式中选择“斜面和浮雕”，打开“图层样式”对话框，进行参数设置后单击“确定”按钮，使相框产生立体效果。按【Ctrl+D】组合键取消选区，效果如图 6-6 所示。

（7）选择工具栏中的“横排文字工具”，将文字颜色设置为白色，大小为 24 点，在图像的左下方输入文字“我爱我的家乡”，创建一个文字图层，并将该文字图层的不透明度设置为 50%，效果如图 6-1 所示。

（8）选择“文件→存储为”命令，将图像保存在一个新建文件夹中，保存为 JPG 格式。

（9）关闭当前图像，单击“动作”面板底部的“停止播放/记录”按钮，完成动作的记录。

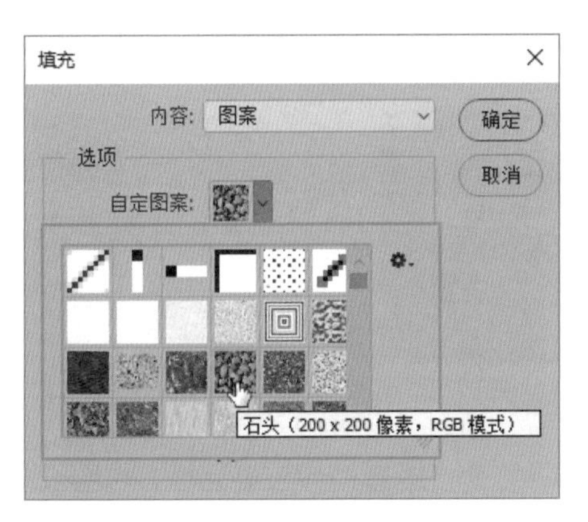

图 6-5　“填充”对话框

图 6-6　立体相框效果

（10）选择“文件→自动→批处理”命令，打开“批处理”对话框，进行参数设置，如图 6-7 所示，注意将源文件夹设置为要处理的图像所在的文件夹，目标文件夹为另外一个新建文件夹，单击“确定”按钮，系统会自动为图像添加立体相框和水印文字。处理完毕，可打开新建文件夹查看添加情况。

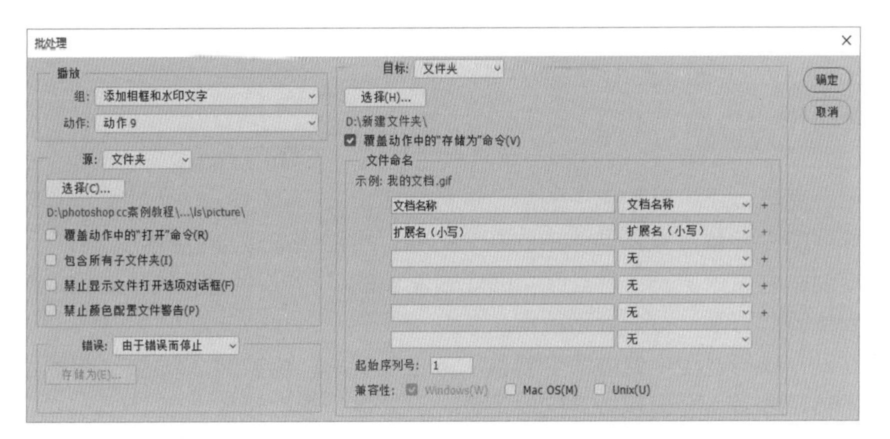

图 6-7　“批处理”对话框

6.1 动作和自动批处理

在图像处理中，有时会遇到需要对大量图像执行同样操作的情况，如果逐一处理，不仅枯燥无味，而且浪费时间。为了解决这一问题，Photoshop CC 提供了动作功能——自动执行重复的操作。

1. 创建动作

所谓动作，就是命令或操作的集合。动作的建立和执行是通过“动作”面板来完成的。按【Alt+F9】组合键或选择“窗口→动作”命令可打开“动作”面板，如图 6-8 所示。

（1）创建新组。单击“创建新组”按钮，可以创建一个组，用于管理用户创建的动作。

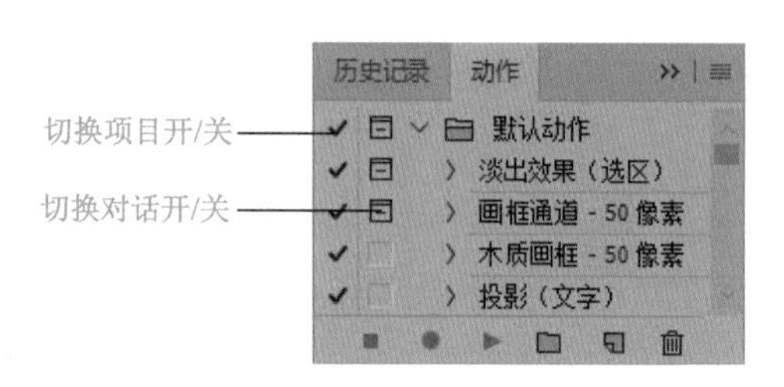

图 6-8 “动作”面板

（2）创建新动作。单击“创建新动作”按钮，将打开“新建动作”对话框，如图 6-3 所示。

① 名称：输入动作的名称。

② 组：选择存放新动作的组。

③ 功能键：选择新动作的快捷键，执行动作时可直接使用对应的快捷键。

④ 颜色：选择用于新动作按钮的颜色（在按钮模式下显示）。

进行设置后，单击“记录”按钮，就可以开始记录动作了。动作记录完成后，单击“停止播放/记录”按钮即可。

2. 编辑动作

动作记录完毕，还可对动作中的命令进行编辑。

（1）修改命令参数：双击动作中的某个命令，可对该命令进行参数设置。

（2）控制命令是否执行：单击某个命令最左侧的“切换项目开/关”图标，当有小对号时，该命令执行；否则，该命令不执行。

（3）在动作执行过程中修改命令参数：单击左侧的“切换对话开/关”图标，显示按钮，当执行该命令时，会出现相应的对话框，可以进行参数设置。

（4）添加命令：对于记录完的动作，若要再加入命令，可先选择要加入命令的位置，单击“开始记录”按钮，记录要添加的命令。记录完毕，单击“停止播放/记录”按钮即可。

（5）删除命令：选择要删除的命令，单击“删除”按钮，或直接按住鼠标左键，将要删除的命令拖曳到“删除”按钮上松开鼠标即可。

（6）复制命令：选择要复制的命令，直接按住鼠标左键，将其拖曳到“创建新动作”按钮上松开鼠标或在按住【Alt】键的同时拖曳要复制的命令均可实现命令的复制。

（7）移动命令：直接将要移动的命令拖曳到一个新位置，即可实现命令的移动。

3. 执行动作

Photoshop CC 中的动作包括预设动作和用户自己记录的动作。它们的执行方法是一样的。

（1）在“动作”面板中，选择某个动作后，单击“播放”按钮或按快捷键即可播放动作。

（2）在按住【Ctrl】键的同时双击某个命令，或选中某个命令后，在按住【Ctrl】键的同时单击“播放”按钮，将只执行该条命令。

（3）动作执行过程中单击“停止”按钮或按【Esc】键可暂停动作的执行。

4. 自动批处理

当对多个图像进行同样的操作时，可以先打开其中的一幅图像创建一个动作组，再执行 Photoshop CC 提供的“批处理”命令，实现其他图像的自动化处理。

选择“文件→自动→批处理”命令，打开“批处理”对话框，如图 6-7 所示。

（1）播放：选择要自动执行的动作。

（2）源：选择被自动执行操作的源图像，一般选择文件夹，然后单击下面的“选择”按钮，指定源图像所在的文件夹。

（3）目标：用于设置自动执行操作后的图像处理方式，一般选择文件夹，即保存在新文件夹中。需要说明的是，只有选中了“覆盖动作中的‘存储为’命令”复选框，操作完成的图像文件才能保存在新文件夹中。

（4）文件命名：用于指定操作完成后的图像文件名称。

案例21 制作行走的女人动画——“时间轴”面板的应用

案例描述

利用如图 6-9 所示的“women”文件制作行走的女人动画。

图 6-9 women

案例解析

- 使用【Ctrl+J】组合键复制人物。
- 使用“时间轴”面板创建帧动画。
- 将动画存储为 Web 所用格式。

案例实现

（1）选择“文件→打开”命令，弹出“打开”对话框，选择“women”文件，单击“打开”按钮。

（2）选择工具栏中的“魔棒工具”，在人物以外的地方单击鼠标，选中背景颜色，按【Shift+Ctrl+I】组合键反选。

（3）选择“图层→新建→通过拷贝的图层”命令，复制一个新的图层，自动命名为“图层 1”。

图 6-10　选择人物的第一个动作

（4）单击“背景”图层前面的“指示图层可见性”按钮，使“背景”图层不可见。在“图层”面板中单击“图层 1”，使“图层 1”成为当前图层。

（5）选择工具栏中的“矩形选框工具”，选择人物的第一个动作，如图 6-10 所示。按【Ctrl+J】组合键，或选择“图层→新建→通过拷贝的图层”命令，生成一个新的图层，重命名为“第一个动作”，将第一个动作单独放到一个图层中。

（6）用同样的方法将后面的 5 个人物动作依次放到单独的图层中，图层名称依次为“第二个动作”到“第六个动作”。

（7）单击“图层 1”前面的“指示图层可见性”按钮，使“图层 1”不可见。

（8）选择工具栏中的“移动工具”，在“图层”面板中先单击“第一个动作”图层，再在按住【Shift】键的同时单击“第六个动作”图层，选中各个动作所在的图层，分别单击“移动工具”选项栏中的“水平居中对齐”按钮和“垂直居中对齐”按钮，使各动作对齐。

（9）选择“窗口→时间轴”命令，打开“时间轴”面板，如图 6-11 所示。

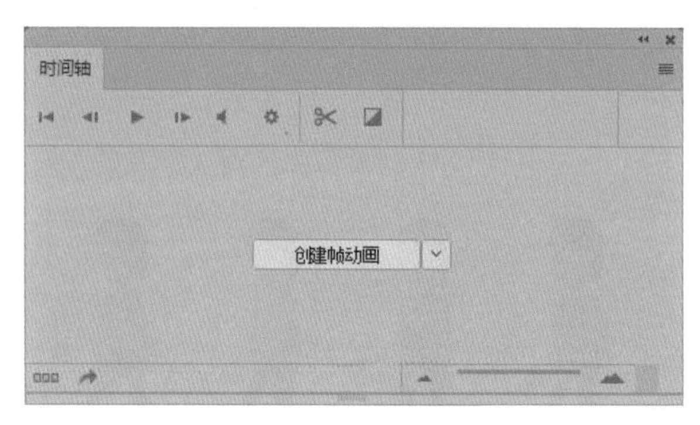

图 6-11　“时间轴”面板

（10）单击“创建帧动画”按钮，若无该按钮，则单击中间的小箭头，在弹出的下拉菜单中选择“创建帧动画”命令，此时“时间轴”面板如图 6-12 所示。

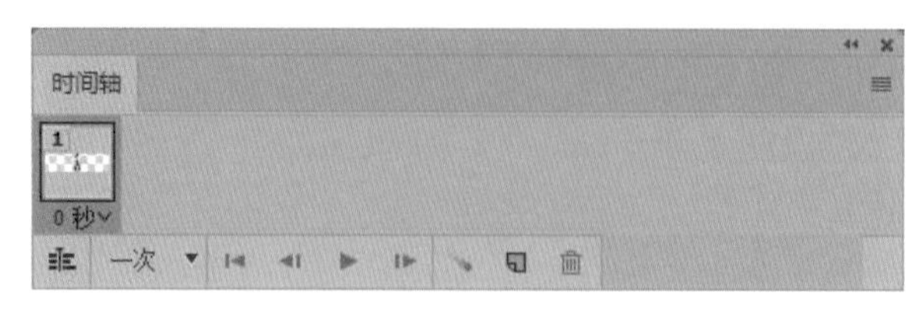

图 6-12　创建帧动画

（11）连续 5 次单击右下角的“复制所选帧”按钮，复制 5 帧。

（12）选择第一帧，在“图层”面板中只保留“第一个动作”图层可见，其他图层不可见。“图层”面板如图 6-13 所示。

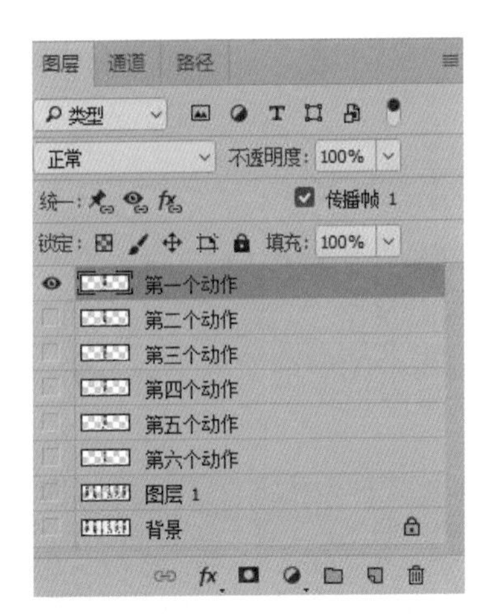

图 6-13 “图层”面板

（13）选择第二帧，在“图层”面板中只保留“第二个动作”图层可见，其他图层不可见。用同样的方法设置其他图层。

（14）选择第一帧，在按住【Shift】键的同时单击第六帧，选中所有的帧。单击任意一帧右下角的小箭头，在打开的下拉列表中选择“0.2”，将每一帧的持续时间设置为 0.2 秒，单击“时间轴”面板下方的“选择循环选项”按钮，在打开的下拉列表中选择“永远”，单击“播放”按钮，预览动画效果。

（15）选择“文件→导出→存储为 Web 所用格式（旧版）”命令，打开“存储为 Web 所用格式”对话框，格式选择“GIF”，保存文件。

6.2 动画

Photoshop CC 不但提供了平面设计功能，而且提供了简单的动画功能——创建帧动画和视频时间轴动画。

1. 创建帧动画

帧动画就是将若干幅不同的静止画面连续播放而形成的动画。其制作方法是在各图层中放置不同状态的图像，当打开帧动画的“时间轴”面板时，整幅图像自动成为时间轴的第一帧，如图 6-12 所示，通过单击“复制所选帧”按钮，可在时间轴中添加帧。依次选择各帧，在“图层”面板中改变各图层的显示状态，使各帧显示不同的图像，按顺序播放各帧，便形成动画效果。

（1）复制所选帧：单击按钮，将选择的帧复制一份。

（2）选择帧延迟时间：单击帧下方的小箭头，可选择或自定义该帧播放的时间。

（3）选择循环选项：设置动画循环播放的次数。

（4）过渡动画帧：单击“时间轴”面板下方的按钮，打开“过渡”对话框，通过添加帧实现两帧之间的平稳过渡。

（5）转换为视频时间轴动画：单击按钮，可以将帧动画转换为视频时间轴动画。

2. 创建视频时间轴动画

在如图 6-11 所示的“时间轴”面板中单击中间的小箭头，在打开的下拉列表中选择“创建视频时间轴”命令，然后单击“创建视频时间轴”按钮，此时的“时间轴”面板如图 6-14 所示。单击要创建动画的图层前面的小箭头，即可展开动画通道，如图 6-15 所示。

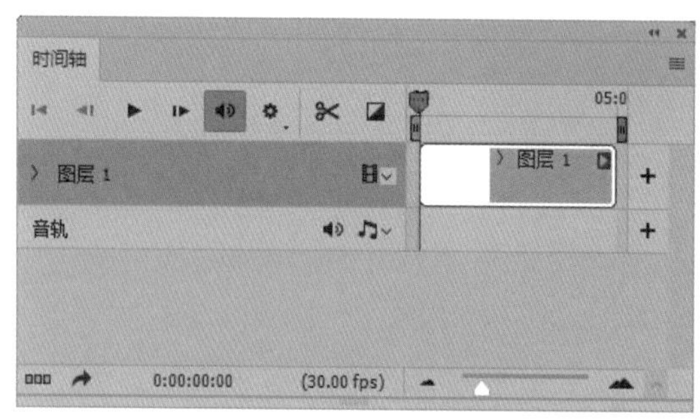

图 6-14 “时间轴”面板

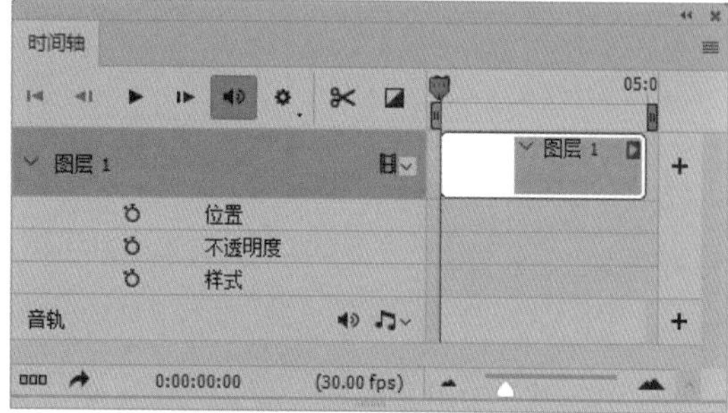

图 6-15 动画通道

（1）位置：单纯控制图层对象在画布中的移动。位置动画对位图图层有效，对矢量图层，则需要启动矢量蒙版位置才会产生移动动画效果。

（2）不透明度：控制图层对象的整体透明度。

（3）样式：控制图层对象的样式效果。

单击动画通道前面的“启动关键帧动画”按钮，即可激活并创建关键帧。通过添加关键帧并改变关键帧的值，即可创建视频时间轴动画。

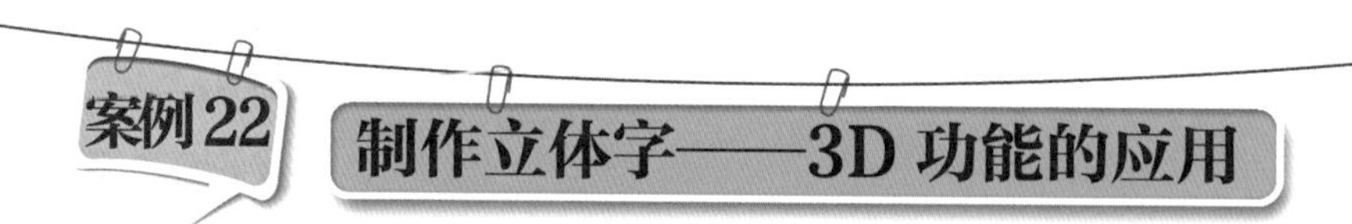

案例22 制作立体字——3D 功能的应用

案例描述

为图片“img”添加立体字，效果如图 6-16 所示。

图 6-16 立体字效果

案例解析

- 使用“横排文字工具”输入文字。
- 使用“从所选图层新建 3D 模型”命令创建立体字。
- 使用“3D”面板和“属性”面板为文字设置材质。
- 渲染文件。

案例实现

（1）选择“文件→打开”命令，弹出“打开”对话框，选择“img”文件，单击“打开”按钮。

（2）选择工具栏中的“横排文字工具”，设置文字字体为华文琥珀，大小为 72 点，在画布中输入文字“中国梦”。选中文字，单击选项栏中的“创建文字变形”按钮，将文字变形设置为“增长”。

（3）将文字大小设置为 36 点，在画布中输入文字“China Dream”，同样将文字变形设置为“增长”，调整文字位置，效果如图 6-17 所示。

（4）按住【Ctrl】键，在“图层”面板中依次单击创建的两个文字图层。选中这两个图层，选择“图层→合并图层”命令，或按【Ctrl+E】组合键，将两个文字图层合并，并将合并后的图层命名为“文字”。

（5）使“文字”图层成为当前图层，选择“3D→从所选图层新建 3D 模型”命令，创建立体字，如图 6-18 所示。

图 6-17　输入文字

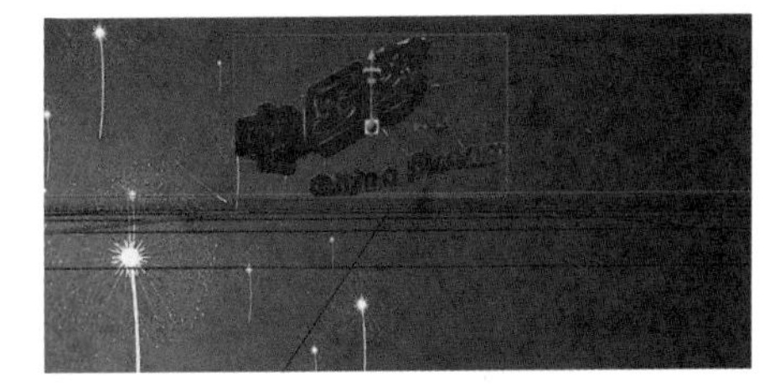

图 6-18　创建立体字

（6）单击立体字，当立体字上出现水平方向和垂直方向坐标时，立体字处于选中状态。单击选项栏中的“缩放 3D 对象”按钮，将鼠标指针移至图像中，按住鼠标左键拖曳，调整立体字大小。单击选项栏中的“旋转 3D 对象”按钮，将鼠标指针移至图像中，按住鼠标左键拖曳，旋转文字方向，使立体字效果更加明显。

（7）单击“3D”面板中的“文字 前膨胀材质”，“属性”面板变为前膨胀材质设置界面，如图 6-19 所示。单击“属性”面板右侧的“单击可打开‘材质’拾色器”按钮，选择“金属-黄金”材质。单击“镜像”右侧的“设置镜面颜色”按钮，在弹出的“拾色器”对话框中选择绿色，单击“确定”按钮。

（8）单击“调整灯光”按钮，图像上出现调整灯光的控制柄，如图 6-20 所示。将鼠标指针移至图像中，按住鼠标左键拖曳，调整光照位置。

（9）单击“属性”面板下方的“渲染”按钮，对图像进行渲染，得到的图像效果如图 6-16 所示。

（10）选择“文件→存储为”命令，在适当的位置保存文件。

图 6-19　“属性”面板

图 6-20　调整灯光

6.3 3D 功能

Photoshop CC 提供了强大的 3D 功能，使用“3D”菜单，结合“属性”面板和“3D”面板，可以制作出立体感强、质感逼真的 3D 图像。在 Photoshop CC 中，创建 3D 效果的方法主要有 4 种——从所选图层新建 3D 模型、从所选路径新建 3D 模型、从当前选区新建 3D 模型、从图层新建网格。下面就以“从所选图层新建 3D 模型”为例说明创建及编辑 3D 图像的一般方法。

1. 创建 3D 对象

选择要创建 3D 效果的图层，选择“3D→从所选图层新建 3D 模型”命令，即可为当前图层创建 3D 效果，并打开“属性”面板和“3D”面板，如图 6-21 和图 6-22 所示。

2. 基本操作

选择 3D 对象后，可通过单击选项栏中的“3D 模式”按钮来实现改变 3D 对象的位置、角度、大小等基本操作。

（1）旋转 3D 对象：单击按钮，可在三维空间中任意旋转 3D 对象。

（2）滚动 3D 对象：单击按钮，可在平面内滚动 3D 对象。

（3）拖动 3D 对象：单击按钮，可在三维空间内拖动 3D 对象。

（4）滑动 3D 对象：单击按钮，可在水平方向上滑动 3D 对象。

（5）缩放 3D 对象：单击按钮，可等比例改变 3D 对象的大小。

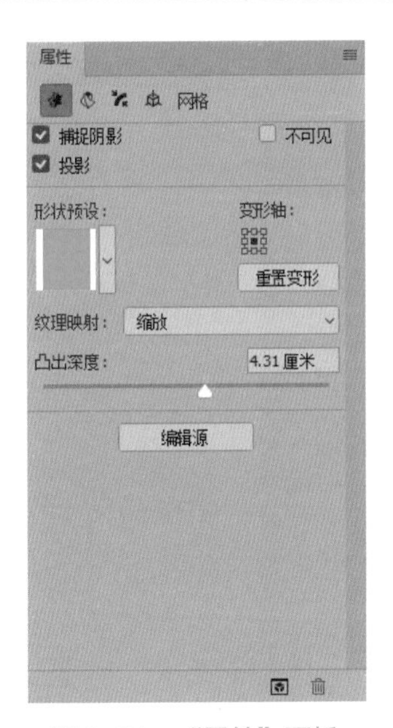

图 6-21　“属性”面板

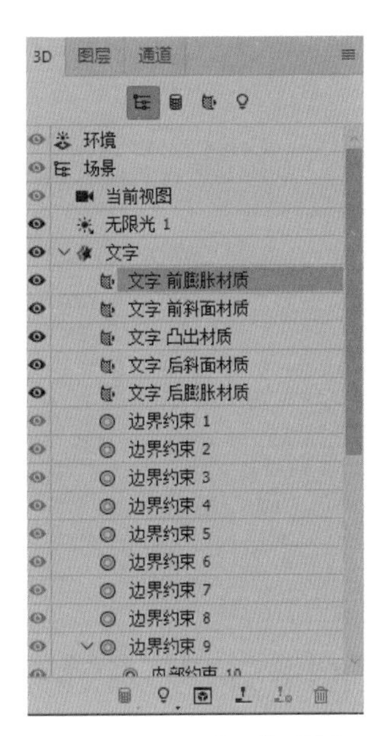

图 6-22　“3D”面板

3. 编辑材质

对 3D 对象材质的编辑主要包括对前膨胀材质、前斜面材质、凸出材质、后斜面材质和后膨胀材质的编辑，通过对这些材质的修改，可以改变 3D 对象的外观。在“3D”面板中选择某个材质，就会打开该材质的“属性”面板，如图 6-19 所示，单击右上方的“单击可打开‘材质’拾色器”按钮，可以在打开的预设材质下拉列表中选择一种材质，也可以通过“漫射”“镜像”“发光”“环境”等项的设置来自定义材质。

4. 设置形状

单击画布中的 3D 对象，会出现该对象的“属性”面板，如图 6-21 所示，可分别选择“网格”类别、“变形”类别、“盖子”类别、“坐标”类别来对形状进行编辑。下面以“网格”类别为例说明改变形状的方法。

- 形状预设：单击“单击可打开‘凸出’拾色器”按钮，可打开预设形状列表，单击某个形状，可将该形状应用到选定的 3D 对象上。
- 凸出深度：用于改变 3D 对象的厚度。
- 编辑源：单击“编辑源”按钮，可修改 3D 对象的源内容。

5. 调整灯光

在 Photoshop CC 中，当创建了一个 3D 对象后，会自动产生灯光照射效果，通过调整灯光，可以增强 3D 对象的真实感。

单击图像中的“调整灯光”按钮，图像上出现调整灯光的控制柄，如图 6-20 所示，通过拖曳控制柄，可以调整灯光的位置和角度，3D 对象的阴影也会随之发生变化。

若要精准地调整灯光，需要在如图 6-23 所示的灯光“属性”面板中进行参数设置。

图 6-23 灯光“属性”面板

（1）预设：单击“预设”右侧的小箭头，可在打开的下拉列表中选择一种预设的灯光。
（2）类型：灯光的类型有无限光、点光和聚光灯 3 种。
（3）颜色：用于设置灯光的颜色。
（4）强度：值越大，光照就越强烈。
（5）阴影：选择是否有阴影效果。
（6）柔和度：值为 0%时，阴影的边缘非常清晰；值越大，阴影的边缘就越柔和。

一、填空题

1．在 Photoshop CC 中，要打开“动作”面板，应使用的快捷键是________________。

2．在“动作”面板中，某个命令前面显示▣按钮，表示________________________。

3．在“动作”面板中，要复制一条命令，可以在按住__________键的同时直接拖曳该命令。

4．在“动作”面板中，在按住【Ctrl】键的同时双击某个命令产生的操作是________。

5．在 Photoshop CC 中，按键盘上的____________键，可以暂停正在执行的动作。

6．在 Photoshop CC 中，若要将正在编辑的动画输出为 GIF 图像，应执行的命令是__________________________。

7．要使动画一直循环播放，应将循环选项设置为________________。

8．要将选中的路径制作成 3D 效果，应使用的菜单命令是________________。

9．在灯光“属性”面板中，柔和度的值越大，阴影的边缘就越________________。

10．在“属性”面板中，“凸出深度”的作用是________________________。

二、上机操作题

1．创建一个动作，自动将打开的图像文件转换成 CMYK 颜色模式，并将图像的大小调整为 800 像素×600 像素，最后保存为 JPEG 格式的文件。

2．利用图像文件“hld”制作红灯、绿灯、黄灯交替显示的效果，某时刻截图如图 6-24 所示。（提示：红灯、绿灯持续的时间各为 30 秒，黄灯持续的时间为 3 秒；循环播放。）

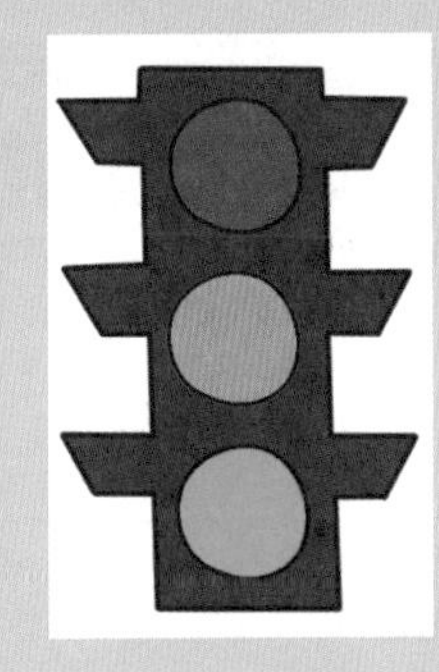

图 6-24　红绿灯

3．利用如图 6-25 所示的图像文件“hua”制作如图 6-26 所示的彩色球体。（提示：使用“3D→从图层新建网格→网格预设→球体”命令。）

图 6-25　hua

图 6-26　彩色球体

综合应用

案例描述

如图 7-1 所示，处理批量学生考试报名照片。

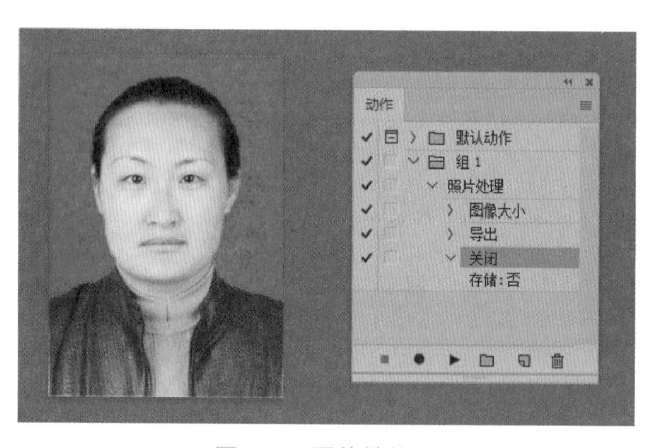

图 7-1　照片批处理

案例解析

- 利用“动作”面板创建新动作，并记录动作。
- 利用“图像大小”命令设置照片的宽度和高度。
- 利用“存储为 Web 所用格式（旧版）”命令保存照片。
- 利用“批处理”命令处理批量照片。

案例实现

（1）打开一张原始照片（假定学生照片存放在“原始”文件夹下）。

（2）按【Alt+F9】组合键打开“动作”面板，单击面板底部的“创建新动作”按钮，在“新建动作”对话框中输入名称“照片处理”，单击“记录”按钮。此时，“动作”面板底部的“开始记录”按钮为红色，表示已经开始记录动作，如图 7-2 所示。

（3）选择“图像→图像大小”命令，打开“图像大小”对话框，取消锁定纵横比，设置尺寸为 150 像素（宽度）×200 像素（高度），如图 7-3 所示。单击“确定”按钮，完成图像大小设置。

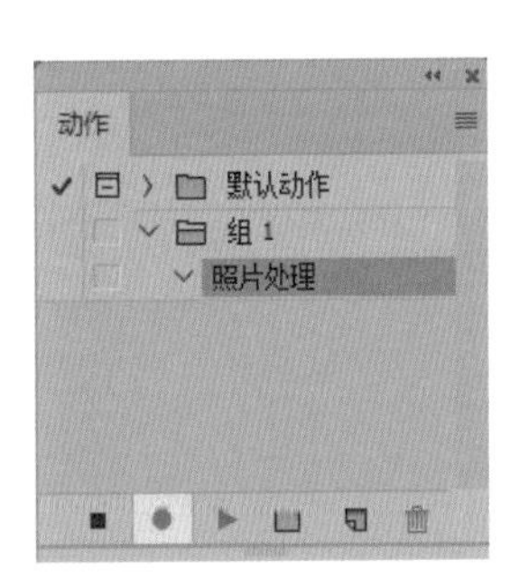

图 7-2　动作记录

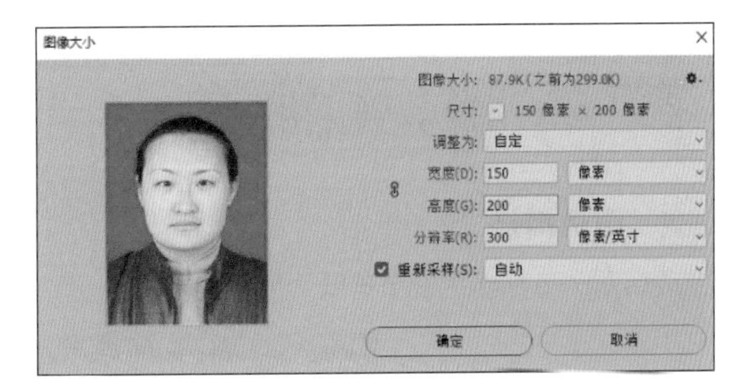

图 7-3　图像大小设置

（4）选择“文件→导出→存储为 Web 所用格式（旧版）”命令，进行参数设置。优化的文件格式为 JPEG，压缩品质选择合适的百分比，此处设置为“80%”，查看对话框左侧图像效果预览区底部的参数内容，保证文件大小在要求的范围内。单击“存储”按钮，选择照片保存位置（如“结果”文件夹下），单击“保存”按钮返回“存储为 Web 所用格式”对话框，单击“完成”按钮即可。

（5）选择“文件→关闭”命令，在出现的保存提示对话框中单击“否”按钮，不保存对原始照片的修改。单击“动作”面板底部的“停止播放/记录”按钮，完成动作记录。现在“照片处理”动作下记录了 3 个动作，分别为“图像大小”“导出”和“关闭”。

（6）选择“开始→自动→批处理”命令，打开“批处理”对话框，具体参数设置如图 7-4 所示。

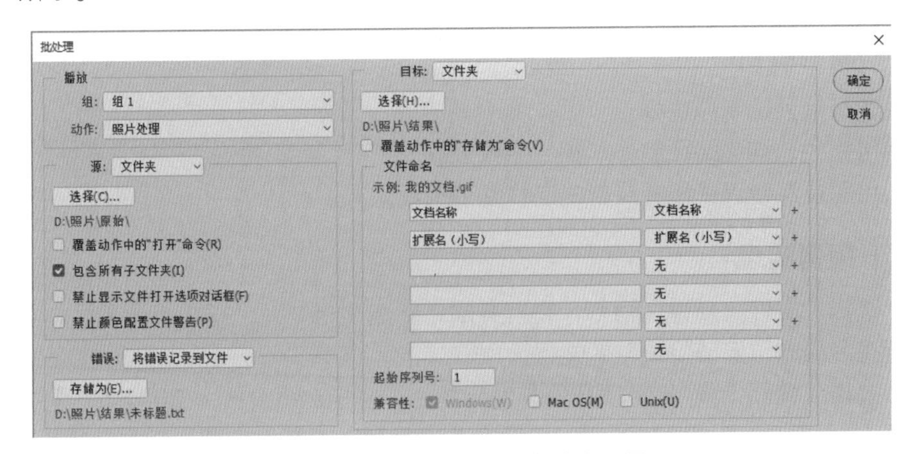

图 7-4　“批处理”对话框参数设置

① 指定“照片处理”动作。

② 选择源文件夹为“原始”文件夹。

③ 如果源文件夹下包含子文件夹，则选中“包含所有子文件夹”复选框。

④ 设置针对错误操作的处理方式为“将错误记录到文件”，单击“存储为”按钮指定记录文件存放位置。

⑤ 选择目标文件夹为“结果”文件夹。

⑥ 单击“确定”按钮后，等待系统自动完成批量照片处理。

案例描述

完成如图 7-5 所示的春节剪纸效果。

图 7-5　春节剪纸效果

案例解析

- 通过画笔预设制作边框。
- 使用路径、描边路径制作“福”字效果。
- 利用图层混合模式和图层样式制作春节剪纸效果。

案例实现

（1）选择“文件→新建”命令，在打开的“新建文档”对话框中设置参数，如图 7-6 所示，新建名称为“春节剪纸”的文件。

（2）选择“椭圆工具”，将填充色改为无颜色，将描边宽度改为 20 像素，将描边色改为暗红色（#d2201e），在画布的中间位置拖曳鼠标指针绘制一个圆形，再利用【Ctrl+J】

组合键复制两个图层，调整其大小和位置，产生如图 7-7 所示的效果。先将 3 个“椭圆”图层栅格化再合并图层，并将其重命名为“花纹”。将“背景”图层隐藏，用“矩形选框工具”选择图案所在位置，选择“编辑→定义画笔预设”命令，弹出如图 7-8 所示的“画笔名称”对话框。将“花纹”添加到画笔样式中，删除“花纹”图层。

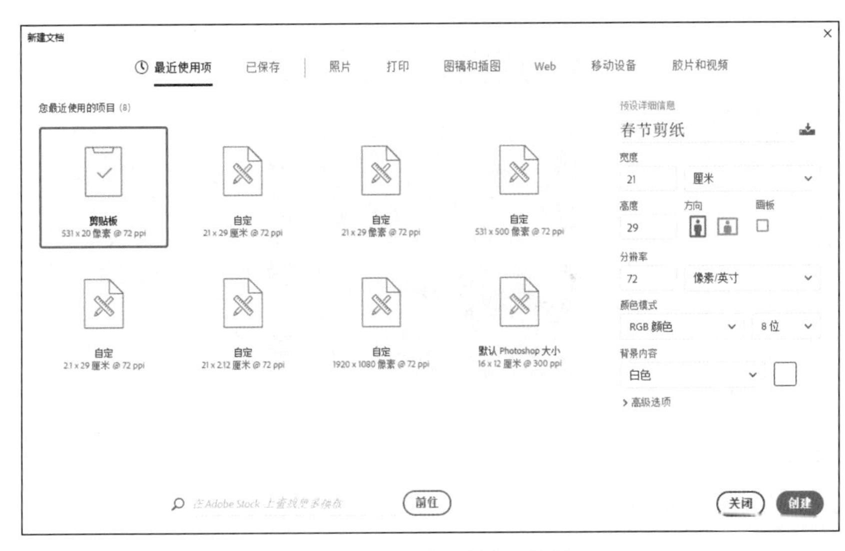

图 7-6 “新建文档”对话框

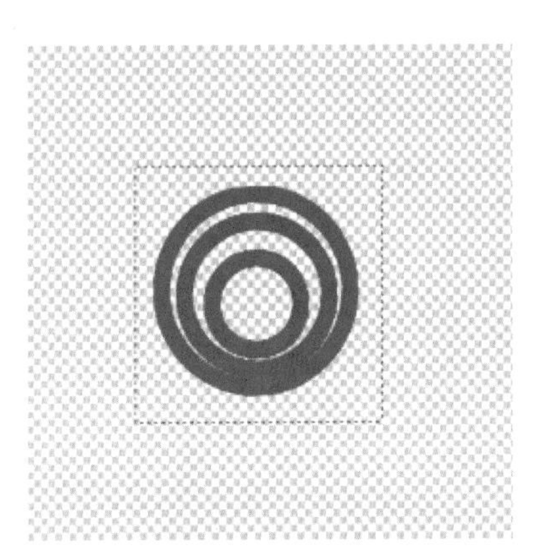

图 7-7 调整后的效果

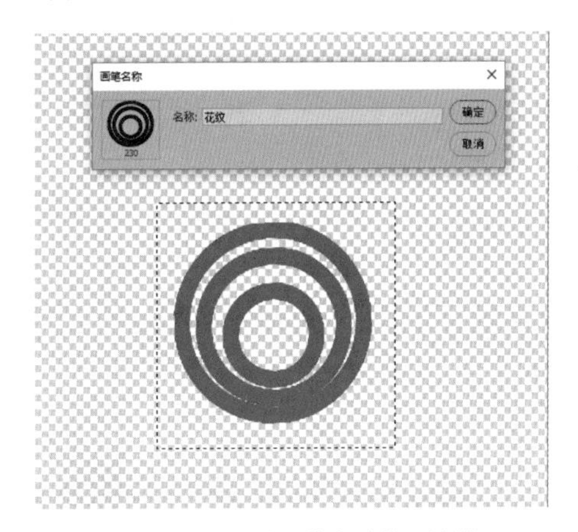

图 7-8 “画笔名称”对话框

（3）双击“背景”图层，在打开的“新建图层”对话框中将名称设置为“背景”。在按住【Ctrl】键的同时单击图层缩览图，再选择“矩形选框工具”，将选区创建方式选为“从选区减去”模式，在画布的合适位置绘制选区，构建如图 7-9 所示的选区。

（4）将前景色改为#d2201e，选择“画笔工具”，将笔刷样式选择为“花纹”，单击选项栏中的按钮，将笔尖大小设置为 55 像素，将间距改为 100%，选择“纹理”，如图 7-10 所示。切换到画布中，在按住【Shift】键的同时沿选区涂抹，产生如图 7-11 所示的效果。

（5）打开“祥云”图像，利用“移动工具”将“祥云”图像移至画布的合适位置。在按住【Alt】键的同时将“祥云”图像移至另一侧，选中右侧的“祥云”所在图层。按【Ctrl+T】组合键，再单击鼠标右键，在弹出的快捷菜单中选择“水平翻转”命令，产生对称的效果，如图 7-12 所示。

（6）选择“横排文字工具”，将颜色设置为#d2201e，字体样式为“楷体”，大小为“240”，在“祥云”图像的下方输入文字“福”，如图 7-13 所示。

图 7-9　选区

图 7-10　“画笔”面板

图 7-11　涂抹后的效果

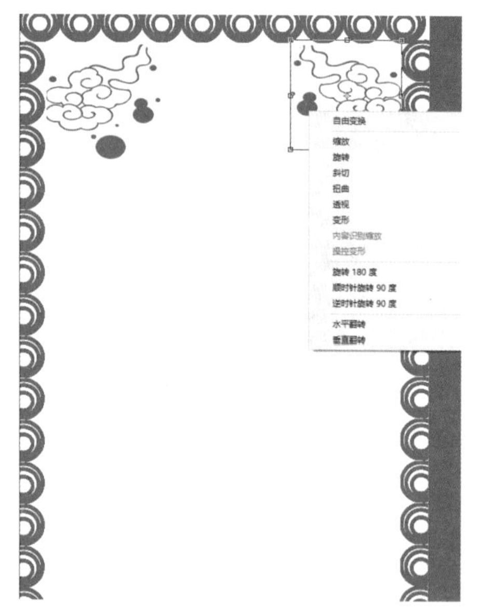

图 7-12　添加“祥云”图像后的效果

图 7-13　输入“福”后的效果

（7）选择“椭圆工具”，将填充色改为无颜色，将描边宽度改为 10 像素，将描边色改为#d2201e，在“福”字外侧绘制一个圆形，这时“路径”面板会出现一个椭圆形状路径，双击该路径，会弹出“存储路径”对话框，如图 7-14 所示。单击“确定”按钮，切换到“图层”面板，将“椭圆 1”图层栅格化，选择“画笔工具”，再次将笔刷样式设置为“花纹”，大小为 35 像素。再次回到“路径”面板，在按住【Alt】键的同时单击“路径”面板底部的按钮，在弹出的如图 7-15 所示的“描边路径”对话框中选择“画笔”，单击“确

定”按钮，会产生如图 7-16 所示的效果。

（8）利用“直排文字工具”分别在“福”字两侧输入文字“吉祥如意”“富贵平安”和“连年有余”“风调雨顺”，如图 7-17 所示。

图 7-14 “存储路径”对话框

图 7-15 “描边路径”对话框

图 7-16 添加描边后的效果

图 7-17 添加文字后的效果

（9）打开“家”图像，用“魔棒工具”选择白色区域，按【Shift+Ctrl+I】组合键反选，选中人物，利用“移动工具”将其移至“春节剪纸”文件中，如图 7-18 所示。将形成的新图层重命名为“家”，按【Ctrl+J】组合键复制图层，将“家”所在图层隐藏，选中图层副本，按【Shift+Ctrl+U】组合键将图像去色，如图 7-19 所示。再复制去色后的图层，图层分布如图 7-20 所示。按【Ctrl+I】组合键将新副本反相，将图层混合模式设置为“颜色减淡”，选择“滤镜→模糊→高斯模糊”命令，在打开的“高斯模糊”对话框中进行参数设置，如图 7-21 所示。合并两个图层副本，如图 7-22 所示。

图 7-18 将“家”图像移入后的效果

图 7-19 将“家”图像去色后的效果

图 7-20 “图层”面板

图 7-21 为图层添加高斯模糊滤镜

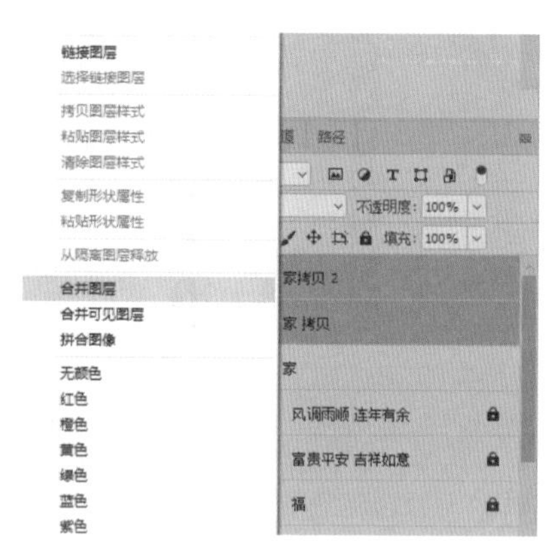

图 7-22 合并图层副本

（10）选择工具栏中的“魔棒工具”，取消选中属性栏中的“连续”复选框。如图 7-23 所示，选中图像中所有的白色区域，按【Delete】键将其删除。如图 7-24 所示，打开“图层样式”对话框，选择“投影”，调整数值。如图 7-25 所示，选中“颜色叠加”选项，将颜色改为“红色”。

图 7-23 用“魔棒工具”选中白色区域

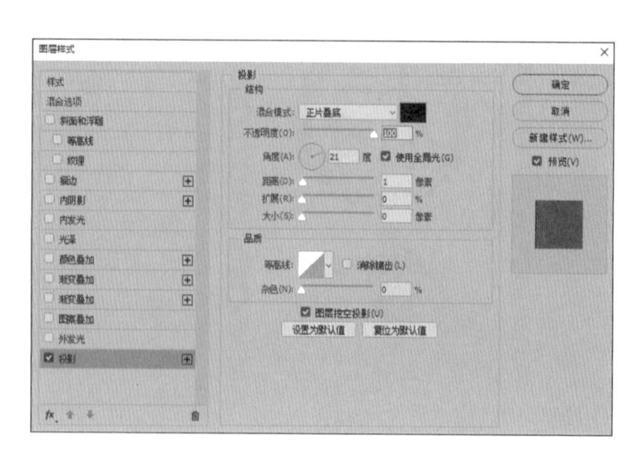

图 7-24 “图层样式”对话框

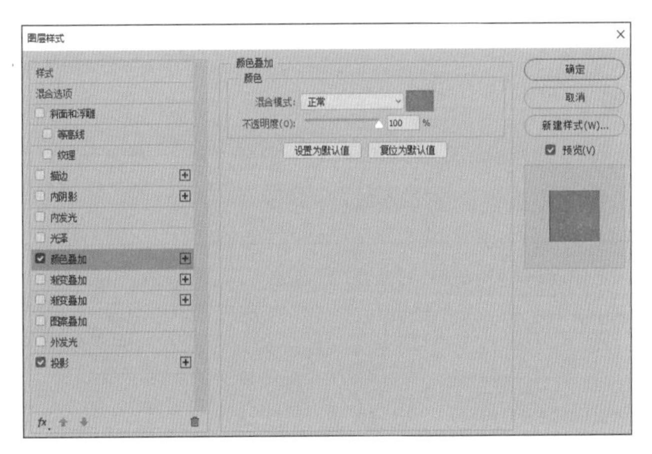

图 7-25　选中“颜色叠加”选项

（11）合并可见图层，保存文件。

案例25　海报设计

案例描述

完成如图 7-26 所示的“我的中国梦”效果。

图 7-26　“我的中国梦”效果

案例解析

- 使用“渐变工具”制作背景。
- 使用“矩形工具”绘制旗帜。
- 使用“横排文字工具”和图层样式制作文字效果。

● 利用滤镜制作光晕效果。

案例实现

（1）选择“文件→新建”命令，在打开的“新建文档”对话框中设置参数，如图 7-27 所示，新建名称为“我的中国梦”的文件。

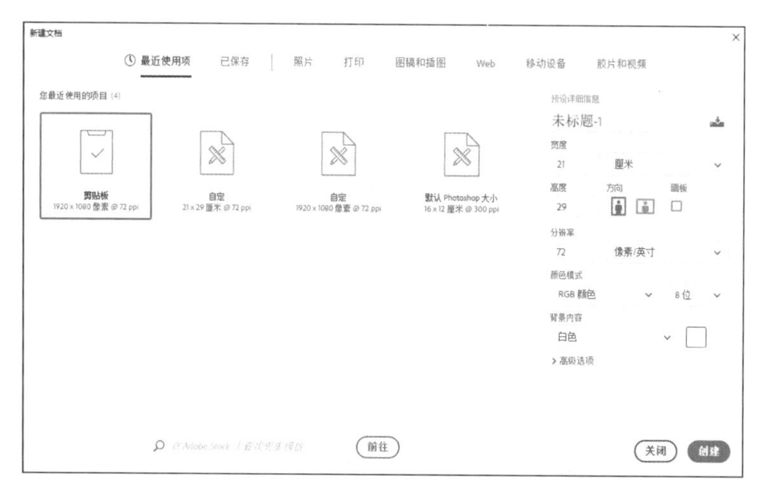

图 7-27 “新建文档”对话框

（2）选择“渐变工具”，在“渐变工具”选项栏中单击“点按可编辑渐变”按钮，打开“渐变编辑器”窗口，如图 7-28 所示。将 3 个色标分别设置为#6c180f、#ba0f00、#ff8907，单击“确定”按钮。

（3）单击“渐变工具”选项栏中的“线性渐变”按钮，在画布中从下到上拖曳鼠标指针，将背景填充为如图 7-29 所示的渐变效果。

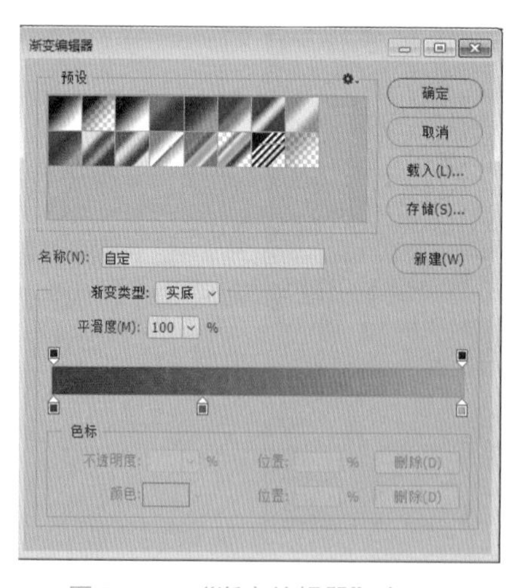

图 7-28 “渐变编辑器”窗口

图 7-29 背景渐变设置

（4）打开素材文件“长城”，将其移至“背景”图层中，调整到合适位置，将图层混合模式改为“正片叠底”，效果如图 7-30 所示。

图 7-30 添加图层混合模式

（5）打开素材文件“天坛”，如图 7-31 所示。将其移至“我的中国梦”文件中，并调整到合适位置。将其所在图层重命名为“天坛”，为图层添加蒙版，选择“画笔工具”，将前景色调整为黑色，将画笔设置为柔角，将不透明度改为 60%，在“天坛”图层的背景处进行涂抹，如图 7-32 所示。

图 7-31 天坛

图 7-32 添加图层蒙版

（6）选择“矩形工具”，将填充色设置为红色，将描边色改为无颜色，绘制一个矩形。按【Ctrl+T】组合键，单击属性栏中的按钮，拖曳各个锚点将矩形调整至如图 7-33 所示的效果。

（7）再次选择“矩形工具”，将填充色设置为棕色（#cfa972），将描边色改为无颜色，在画布的合适位置绘制矩形。选择“椭圆工具”，将填充色设置为棕白渐变，在合适位置绘制椭圆形，调整矩形和椭圆形位置，绘制如图 7-34 所示的旗帜。

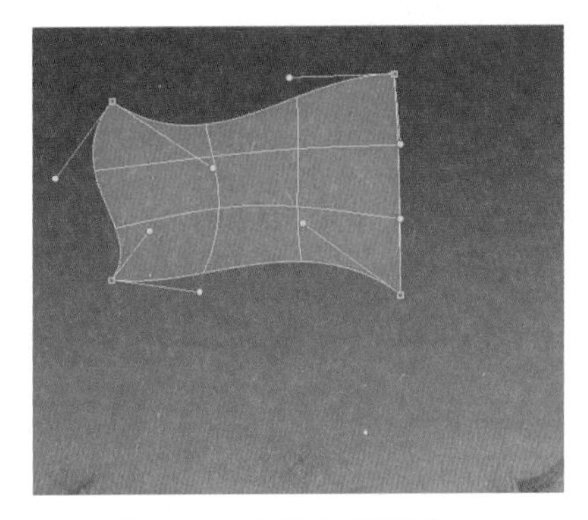

图 7-33 调整矩形形状

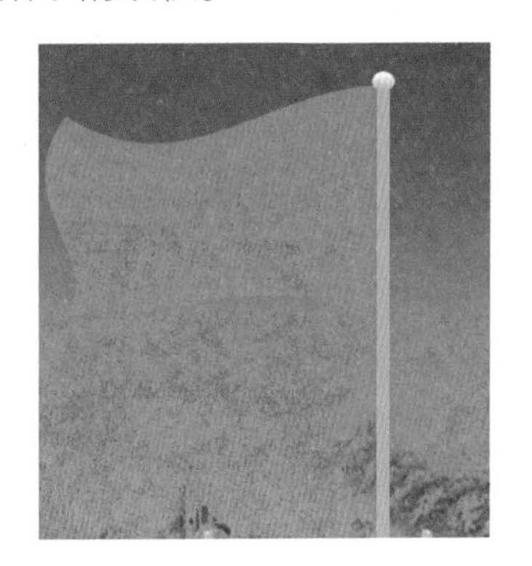

图 7-34 旗帜

（8）选中“矩形 1”“矩形 2”“椭圆 1”3 个图层，单击鼠标右键，在弹出的快捷菜单中选择“栅格化图层”命令，如图 7-35 所示。再单击鼠标右键，在弹出的快捷菜单中选择“合并图层”命令，如图 7-36 所示，将 3 个图层合并。

图 7-35 “栅格化图层”命令

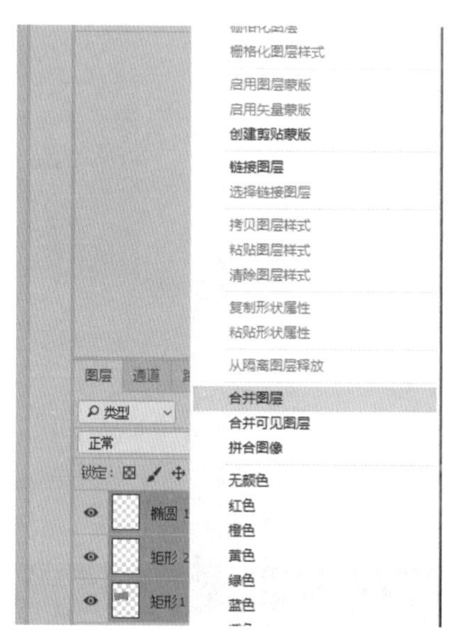

图 7-36 “合并图层”命令

（9）按【Ctrl+T】组合键，调整合并后的图层大小，按住【Alt】键拖曳鼠标，复制 6 个相同的旗帜，调整间距。按【Ctrl+E】组合键将 7 个图层合并，重命名为“左侧旗帜”，并将其放到天坛图像的左侧，如图 7-37 所示。选中“左侧旗帜”，按住【Alt】键将其拖曳至右侧，按住【Ctrl+T】组合键，单击鼠标右键，在弹出的快捷菜单中选择“水平翻转”命令，如图 7-38 所示，将该图层重命名为“右侧旗帜”。此时旗帜效果如图 7-39 所示。

图 7-37 左侧旗帜

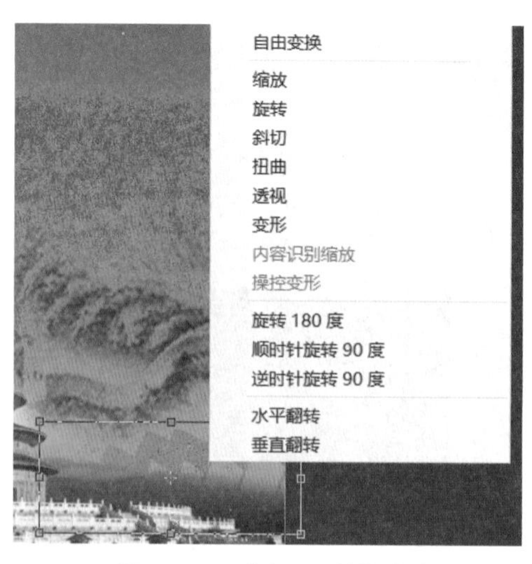

图 7-38 “水平翻转”命令

（10）选中“天坛”“左侧旗帜”“右侧旗帜”3 个图层，按【Ctrl+E】组合键将 3 个图层合并，生成新的“天坛”图层。

图 7-39 旗帜效果

（11）选中“天坛”图层，单击“图层”面板底部的按钮，为图层添加蒙版，如图 7-40 所示，选中蒙版缩览图，选择“画笔工具”，将前景色改为灰色，在天坛图像左侧、上侧、右侧涂抹，让图像和背景很好地融合在一起，如图 7-41 所示。

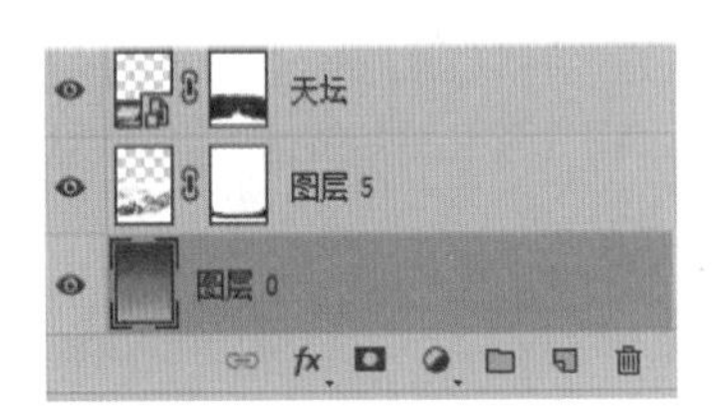

图 7-40 “图层”面板

图 7-41 图层蒙版效果

（12）打开素材文件“彩带”，选择工具栏中的“魔棒工具”，将容差改为 80，在白色区域单击鼠标，按【Shift+Ctrl+I】组合键反选，如图 7-42 所示。选择“移动工具”，将选区内容移至“我的中国梦”文件中。调整其大小和位置，如图 7-43 所示。

图 7-42 构建选区

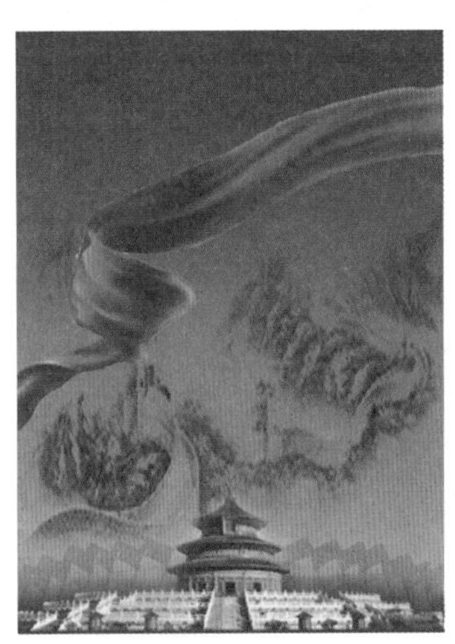

图 7-43 彩带的大小和位置

（13）选择“横排文字工具”，将字体样式设置为“方正行楷简体”，将颜色设置为 #d6eb1d，在画布的合适位置输入文字“我”，为其添加“斜面和浮雕”图层样式，具体参数如图 7-44 所示。以同样的方法再分别建立“的”“中国”“梦”图层并添加相同的图层样式效果，适当调整 4 个图层的大小和位置。按住【Shift】键选中 4 个图层，按【Ctrl+G】组合键创建组，并移至“彩带”图层下部，调整至如图 7-45 所示的效果。

（14）打开素材文件“和平鸽”，如图 7-46 所示。选择工具栏中的“魔棒工具”，将容差改为 50，在黑色区域单击鼠标，按【Shift+Ctrl+I】组合键反选。选择“移动工具”，将选区内容移至“我的中国梦”文件中。再按住【Alt】键，复制两只和平鸽，将两只和平鸽的不透明度调整为 80%，调整 3 只和平鸽的大小和位置，如图 7-47 所示。

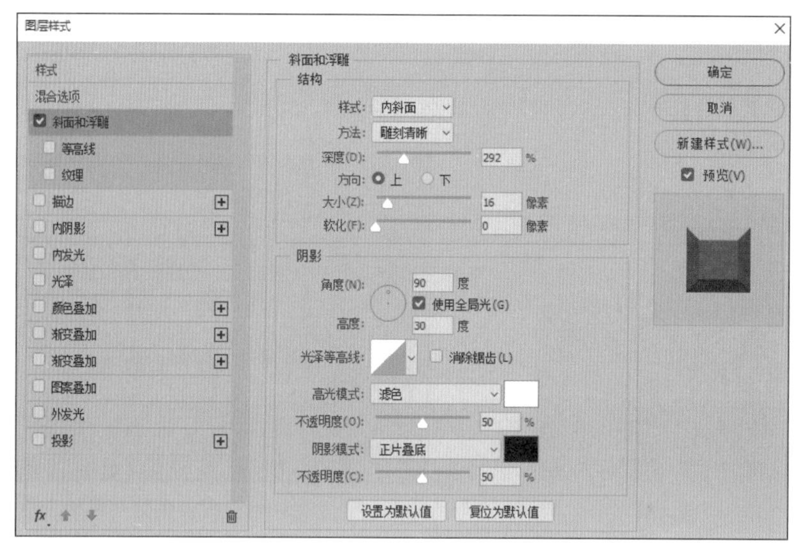

图 7-44 “图层样式”对话框——斜面和浮雕

图 7-45 文字效果

图 7-46 和平鸽

图 7-47　和平鸽的大小和位置

（15）新建一个图层“光源”，选择“渐变工具”，在“渐变工具”选项栏中选择“径向渐变”，单击“点按可编辑渐变”按钮，在打开的“渐变编辑器”窗口中将左右两个色标都改为白色，将右侧色标的不透明度改为 0%，单击“确定”按钮，如图 7-48 所示。用“渐变工具”在画布的上方拖曳，将“光源”图层的不透明度调整为 50%，产生如图 7-49 所示的效果。

图 7-48　“渐变编辑器”窗口

图 7-49　添加光源

（16）在顶层新建一个图层“光晕”，将前景色设置为黑色，按【Alt+Delete】组合键，用黑色填充该图层。选择“滤镜→渲染→镜头光晕”命令，在打开的“镜头光晕”对话框中进行参数设置，如图 7-50 所示。将光晕移至文字“我”上，选中“光晕”图层，将图层混合模式改为“滤色”，将图层的不透明度降至 55%。在按住【Alt】键的同时将光晕移至文字“梦”上，效果如图 7-51 所示。

（17）合并可见图层。

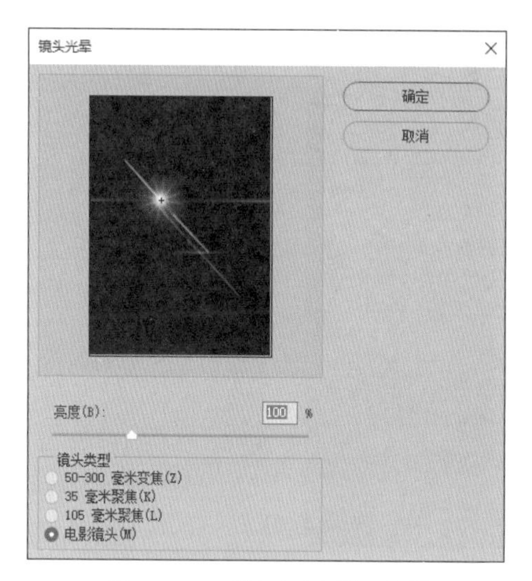

图 7-50 “镜头光晕”对话框

图 7-51 光晕效果

案例26 促销图设计

案例描述

完成如图 7-52 所示的促销图效果。

图 7-52 促销图效果

案例解析

- 通过“图层”面板的操作制作平台。
- 使用“横排文字工具”和“渐变工具”制作文字效果。

案例实现

（1）新建一个大小为 1630 像素×520 像素的文件，参数如图 7-53 所示。

（2）将前景色设置为#d0b4f2。在“图层”面板中选择“背景”图层，按【Alt+Backspace】组合键填充前景色。

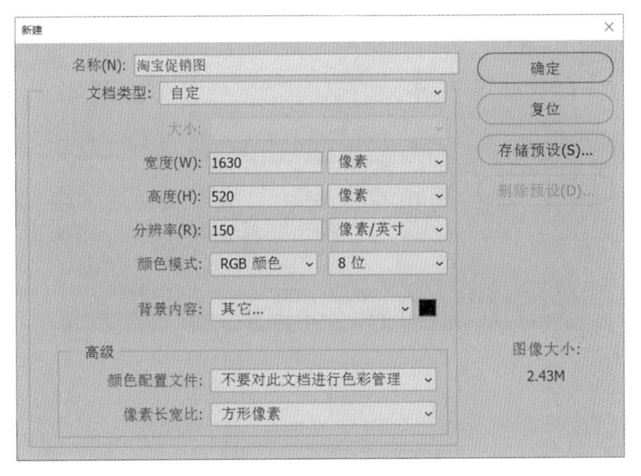

图 7-53 新建文件

（3）将背景色设置为#aa71ee。新建一个图层，命名为“背景 2”，使用“渐变工具” 填充“背景 2”图层，如图 7-54 所示。

图 7-54 填充渐变色

（4）将前景色设置为#7729d5。新建一个图层，命名为“背景 3”，使用“矩形工具” 绘制矩形并使用“路径选择工具” 调整位置，如图 7-55 所示。

图 7-55 绘制矩形

（5）打开“素材”文件夹中的“平台”文件，将“平台”图层移至当前图像编辑窗口中，如图 7-56 所示。

图 7-56 “平台”图层

（6）使用“椭圆工具”绘制椭圆形，如图 7–57 所示，将颜色填充为#531999。

图 7–57　绘制椭圆形

（7）打开“素材”文件夹中的“器材”文件。将“器材”图层移至当前图像编辑窗口中，放到合适的位置，按【Ctrl+T】组合键调整大小，如图 7–58 所示。

图 7–58　调整“器材”图像的位置和大小

（8）为“椭圆”图层设置图层样式“斜面和浮雕”，参数如图 7–59 所示。

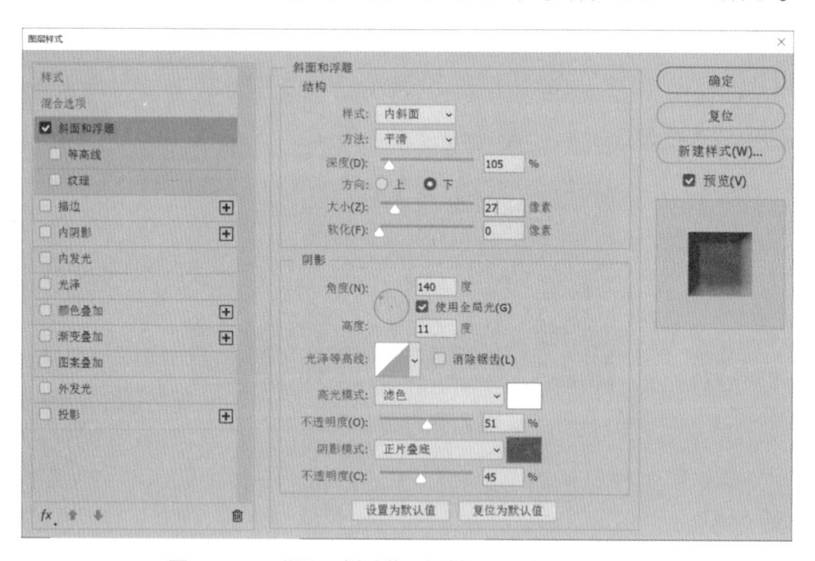

图 7–59　“图层样式”对话框——斜面和浮雕

（9）选择“圆角矩形工具”，参数设置及绘制位置如图 7–60 所示。

（10）使用“横排文字工具”输入文字“淘宝企业服务”，如图 7–61 所示。

（11）打开“素材”文件夹中的“大促文字”文件，将“大促”图层移至当前图像编辑窗口中，放到合适的位置，如图 7–62 所示。

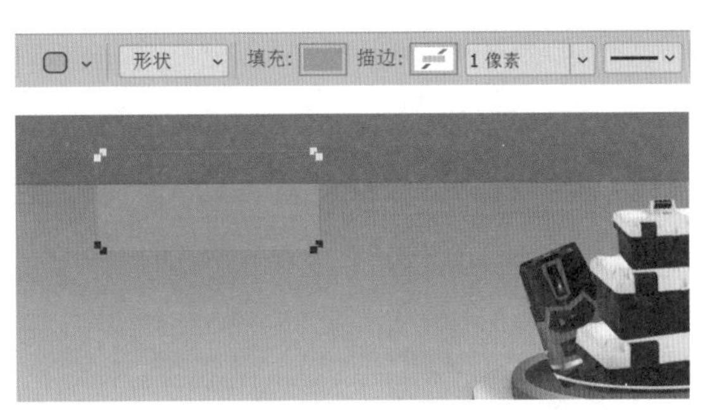

图 7-60　绘制圆角矩形

图 7-61　输入文字

图 7-62　添加文字

（12）打开“素材”文件夹中的“工业会场”文件。使用“魔棒工具”单击白色区域，按【Delete】键删除白色区域。将“文字 1”图层移至“淘宝促销图”图像编辑窗口中，按【Ctrl+T】组合键调整大小，将图层名称改为“文字 1”。

（13）将前景色设置为#f1d17c，将背景色设置为#fffdf8。新建一个图层，使用“渐变工具”填充图层。打开“渐变编辑器”窗口设置颜色，先单击 A 点位置，再单击 B 点位置，就可以添加相同的颜色，如图 7-63 所示。

（14）使用“对称渐变”方式填充图层，效果如图 7-64 所示。

图 7-63　“渐变编辑器”窗口

图 7-64　对称渐变效果

（15）将该图层改名为“黄色渐变”，确保该图层在“文字 1”图层上面。将“黄色渐变”图层设置为当前图层，用鼠标右键单击图层名或其右侧空白处，在弹出的快捷菜单中选择“创建剪贴蒙版”命令，如图 7-65 所示。

（16）使用“横排文字工具”输入文字“-夏季采购节-”，将其设置为 24 号字、微软雅黑，文字颜色为前景色，如图 7-66 所示。

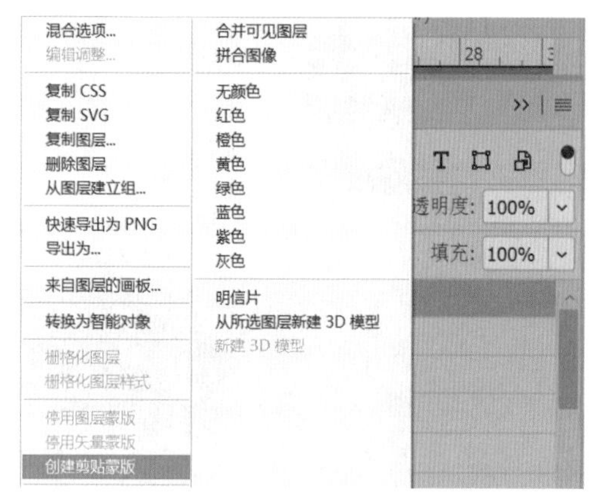

图 7-65 “创建剪贴蒙版”命令

图 7-66 添加文字

（17）选择“画笔工具”，单击如图 7-67 所示的 A 点位置，打开“画笔预设”面板，单击 B 点位置，在打开的下拉列表中选择“载入画笔”选项，选择“素材”文件夹中的“气泡”文件，在“画笔预设”面板中找到载入的气泡画笔并单击它。

（18）按【F5】键打开“画笔”面板，选择“画笔笔尖形状”选项，将笔尖大小设置为 27，间距为 176%。将“形状动态”选项中的“大小抖动”设置为 100%；将“散布”选项中的“散布”设置为 776%，数量为 2，如图 7-68 所示。

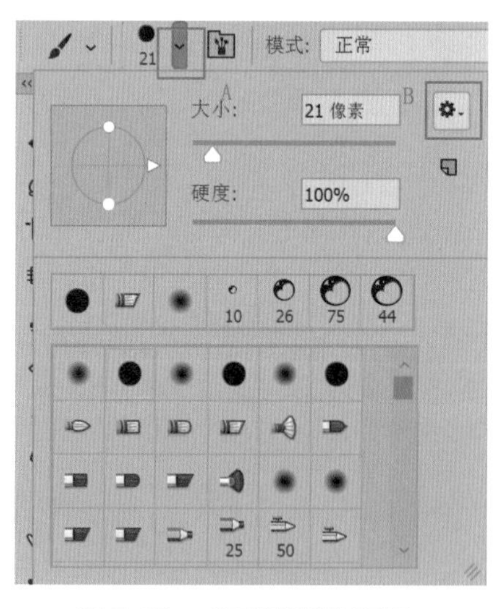

图 7-67 “画笔预设”面板

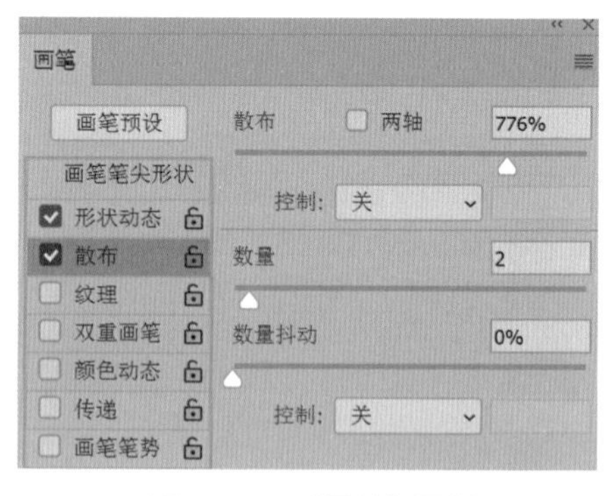

图 7-68 “画笔”面板

（19）将前景色设置为白色，在“图层”面板中新建图层，使用“画笔工具”绘制气泡，将气泡所在图层的不透明度调整为 75%，效果如图 7-52 所示。

（20）完成促销图的设计。

案例27 教师节感恩卡片设计

案例描述

设计教师节感恩卡片，效果如图 7-69 所示。

图 7-69 教师节感恩卡片效果图

案例解析

- 利用“渐变工具”创建卡片背景。
- 利用“画笔工具”为卡片背景添加图案及点缀效果。
- 利用“横排文字工具”和“直排文字工具”创建卡片祝福语。
- 利用图层样式调整文字效果。

案例实现

（1）选择“文件→新建”命令，并设置宽度为 800 像素、高度为 600 像素、分辨率为 72 像素/英寸，使用默认的前景色和背景色，新建一个文档，名为“教师节感恩卡片”。

（2）在“图层”面板上单击“创建新图层”按钮，新建一个图层“渐变背景”，选择工具栏中的“渐变工具”或按【G】键，在“渐变工具”选项栏中选择“径向渐变”，然后单击“点按可编辑渐变”按钮，弹出“渐变编辑器”窗口。双击如图 7-70 所示的 A 处滑块，将 RGB 颜色设置为(200,0,0)；双击 B 处滑块，将 RGB 颜色设置为(238,26,26)；双击 C 处滑块，将 RGB 颜色设置为(234,1,1)，单击“确定”按钮。接着按住【Shift】键不放，按住鼠标左键，从左到右拖曳出渐变效果。

（3）关闭“渐变背景”图层的显示。在“图层”面板上单击“创建新图层”按钮，新建一个图层“背景图案”，选择工具栏中的“自定形状工具”或按【U】键，在“自定形状工具”选项栏中选择“路径模式”，在形状列表中选择“叶形装饰 1”，按住【Shift】键不放，按住鼠标左键，在绘图区拖曳出叶形装饰 1 形状，接着按【Ctrl+Enter】组合键将形状转换为选区。将前景色设置为黄色，按【Alt+Delete】组合键填充颜色，接着再复制一些叶形装饰 1 形状，并调整其位置和大小。按【Ctrl+E】组合键，将所有含有叶形装饰 1 形状的图层合并成一个图层“背景图案”，效果如图 7-71 所示。

（4）打开“渐变背景”图层的显示。将“背景图案”图层的图层混合模式设置为“线性加深”，填充不透明度为 72%。

（5）打开文件“蜡烛”，按【Ctrl+A】组合键选择整幅图像，按【Ctrl+C】组合键复制选区，回到“教师节感恩卡片”文件，按【Ctrl+V】组合键粘贴图像，形成一个新的图层，命名为“蜡烛”。将图层混合模式设置为“滤色”，效果如图 7-72 所示。

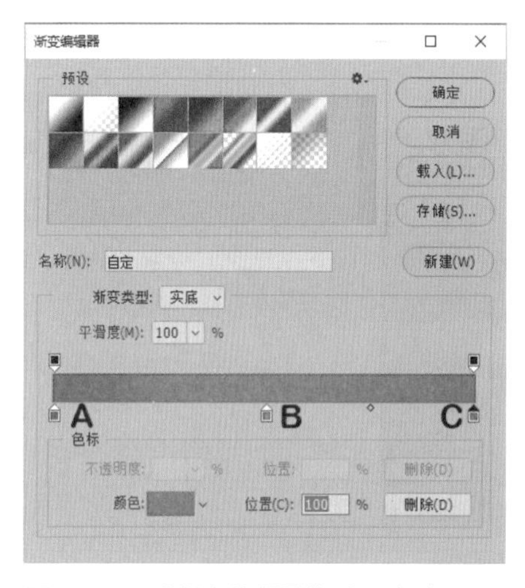

图 7-70　“渐变编辑器”窗口颜色设置

图 7-71　背景图案效果

图 7-72　蜡烛效果

（6）在“图层”面板上单击“创建新图层”按钮，新建一个图层，命名为“点缀效果”。选择“画笔工具”，按图 7-73 和图 7-74 设置画笔的参数值，然后绘制出点缀效果，如图 7-75 所示。

图 7-73　“形状动态”参数设置

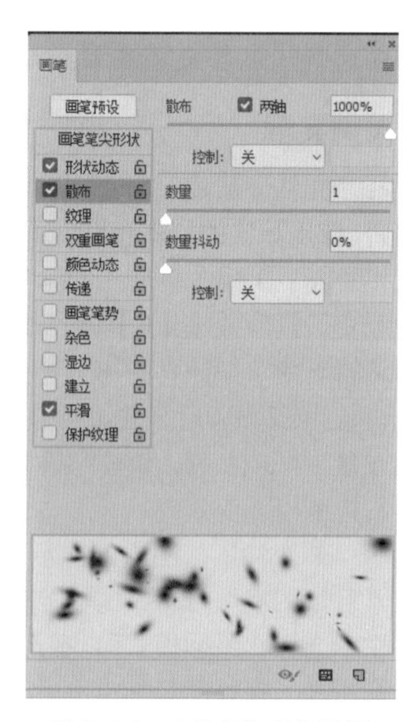

图 7-74　“散布”参数设置

（7）在工具栏中选择“直排文字工具”，在工作区单击鼠标，输入文字“感”，设置字体为隶书，文字大小为 600 点，消除锯齿方式为锐利，文字颜色为白色，按【Ctrl+T】组合键调整方向。将图层混合模式设置为“叠加”，填充不透明度为 63%。

（8）选择“直排文字工具”，在工作区单击鼠标，输入文字“恩”，设置字体为隶书，文字大小为 200 点，消除锯齿方式为锐利，文字颜色为白色，按【Ctrl+T】组合键调整方向。将图层混合模式设置为“叠加”，填充不透明度为 63%。完成“感恩”背景文字的制作，如图 7-76 所示。

图 7-75　点缀效果

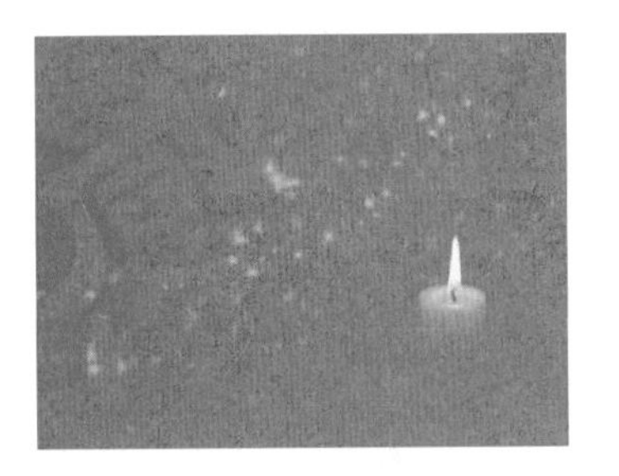

图 7-76　“感恩”背景文字效果

（9）在工具栏中选择“横排文字工具”，在工作区单击鼠标，输入文字“恩”，设置字体为隶书，文字大小为 207 点，消除锯齿方式为锐利，文字颜色为白色。双击文字图层进入“图层样式”对话框，分别选中“投影”和“渐变叠加”选项，设置参数，如图 7-77 和图 7-78 所示。在“渐变编辑器”窗口中，将 A 处的 RGB 颜色设置为(210,2,12)，将 B 处的 RGB 颜色设置为(255,252,0)，如图 7-79 所示。文字“恩”的最终效果如图 7-80 所示。

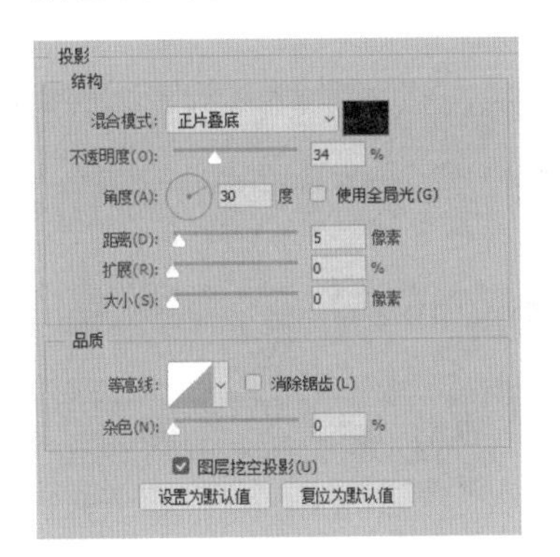

图 7-77　“投影”参数设置

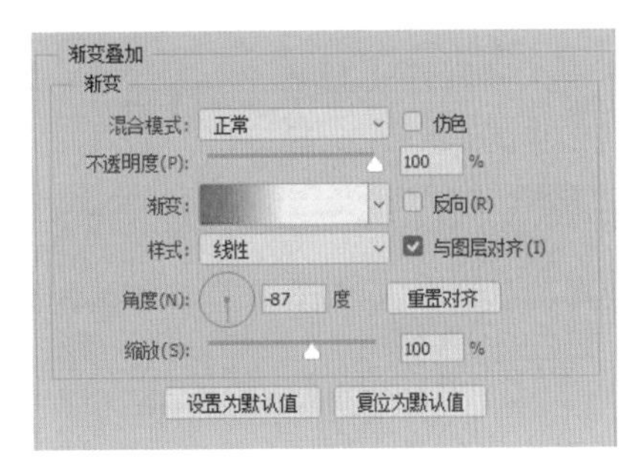

图 7-78　“渐变叠加”参数设置

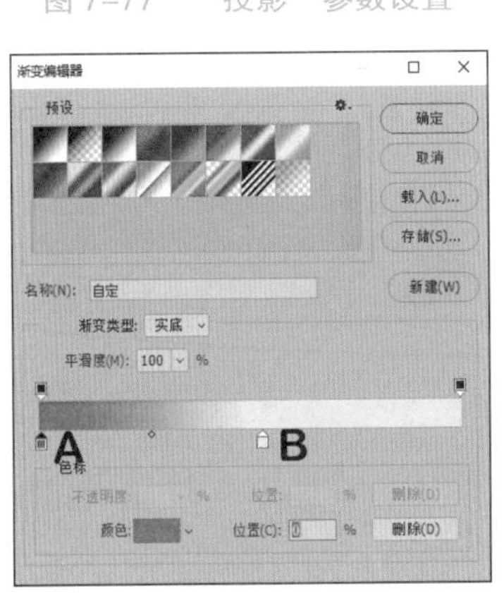

图 7-79　“渐变编辑器”窗口颜色设置

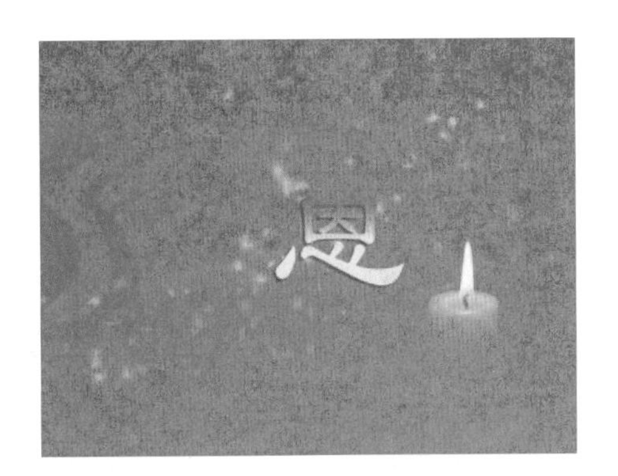

图 7-80　文字“恩”的效果

（10）选择“横排文字工具”，在工作区单击鼠标，输入文字“感”，设置字体为隶书，文字大小为 380 点，消除锯齿方式为锐利，文字颜色为白色。双击“感”文字图层进入“图层样式”对话框，分别选中“投影”和“渐变叠加”选项，设置参数，如图 7-81 和图 7-82 所示。在“渐变编辑器”窗口中，将 A 处的 RGB 颜色设置为(255,110,2)，将 B 处的 RGB 颜色设置为(255,255,0)，如图 7-83 所示。文字“感”的最终效果如图 7-84 所示。

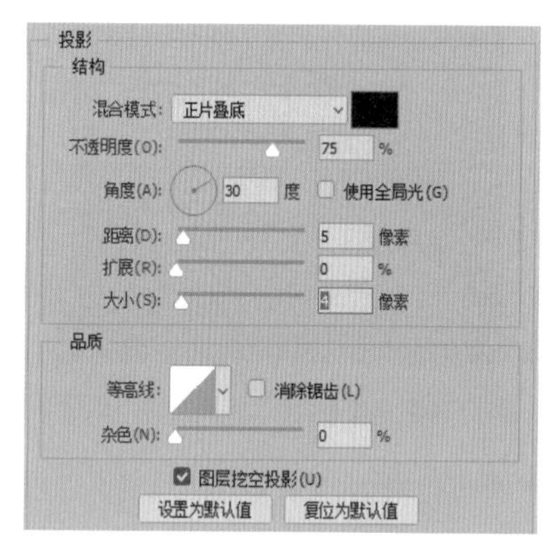

图 7-81 “投影”参数设置

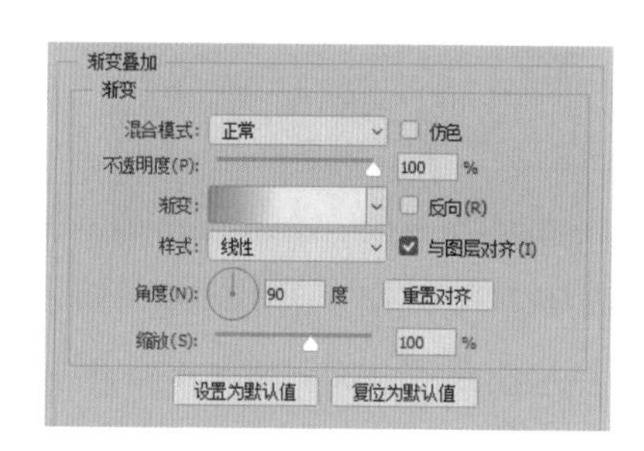

图 7-82 “渐变叠加”参数设置

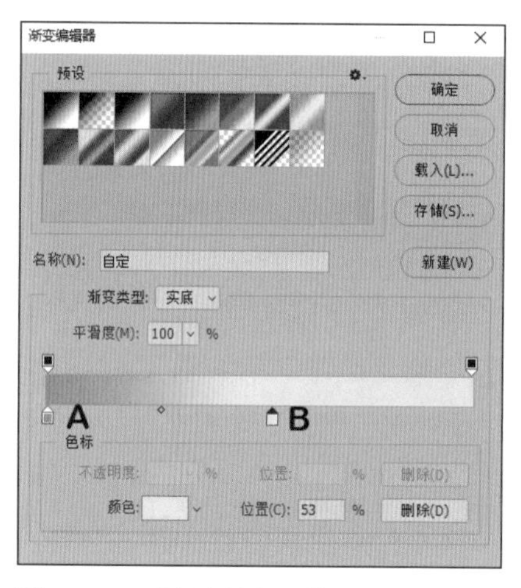

图 7-83 “渐变编辑器”窗口颜色设置

图 7-84 文字“感”的效果

（11）同理，选择“横排文字工具”，在工作区单击鼠标，输入文字“始终怀着一颗感恩的心……”“老师，您辛苦了！”和“教师节快乐”，为其设置合适的字体、大小、颜色等，完成卡片的最终效果，如图 7-69 所示。

案例描述

完成如图 7-85 所示的包装图效果。

图 7-85　包装图效果

案例解析

- 利用辅助线，使用“钢笔工具”绘制路径。
- 利用图层样式及图层混合模式制作浮雕花纹。
- 使用“椭圆工具”绘制圆环。

案例实现

（1）打开“素材”文件夹中的“包装图设计”文件。

（2）使用“矩形工具”绘制辅助线，如图 7-86 所示。在 4 个角分别绘制 4 个白色、无边框的矩形，如图 7-87 所示，将 4 个图层合并为一个图层，命名为“白色方块”。

图 7-86　绘制辅助线

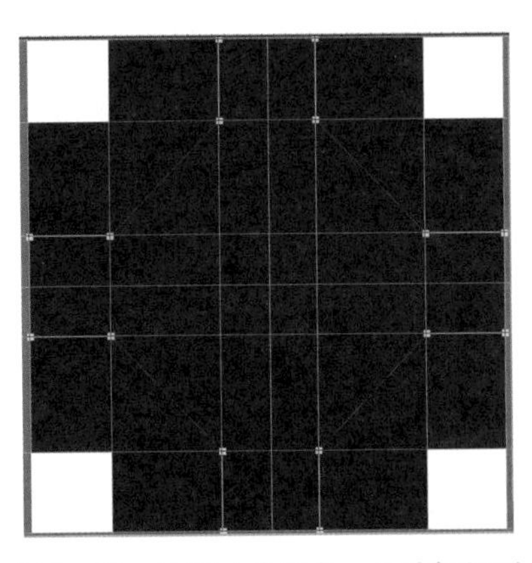

图 7-87　绘制 4 个白色、无边框矩形

（3）打开“素材”文件夹中的“边角花纹”文件，将其拖曳并复制到如图 7-88 所示的位置，按【Ctrl+T】组合键改变方向。将 4 个图层合并为一个图层，命名为“边角花纹”。

（4）使用“钢笔工具”，沿着辅助线在如图 7-89 所示的红色节点位置绘制路径，按【Ctrl+Enter】组合键将路径转换为选区。

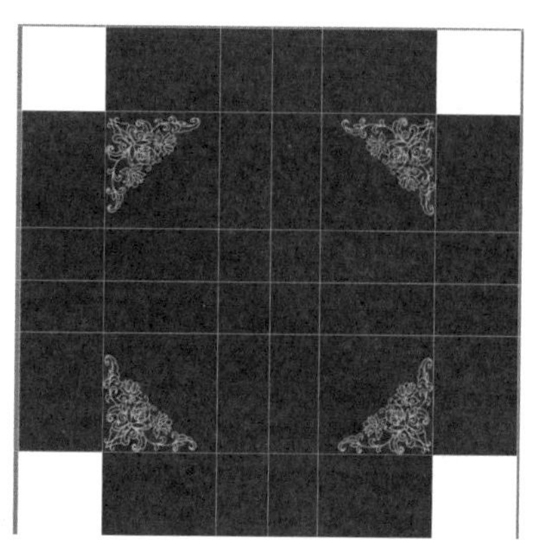

图 7-88　导入并复制边角花纹

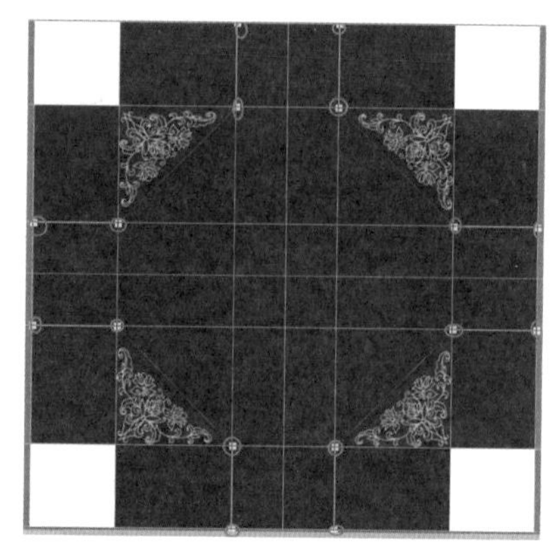

图 7-89　使用“钢笔工具”绘制路径

（5）新建一个图层，命名为“背景”，将前景色设置为#fedc61，将背景色设置为#fff0be。选择“渐变工具”，设置渐变填充选项，如图 7-90 所示，渐变填充“背景”图层，效果如图 7-91 所示。

图 7-90　渐变填充选项

（6）打开“素材”文件夹中的“侧边花纹”文件，将其拖曳到文件中，如图 7-92 所示。

图 7-91　渐变填充效果

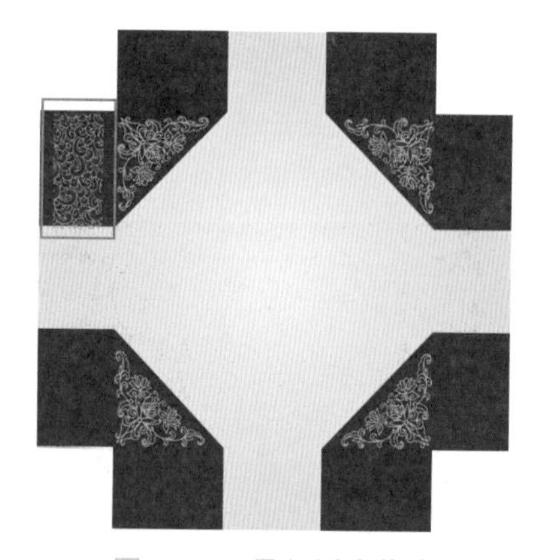

图 7-92　导入侧边花纹

（7）在按住【Alt】键的同时拖曳“侧边花纹”图层，复制图层，将其放到如图 7-93 所示的各个位置。将全部“侧边花纹”图层合并成一个图层，命名为“侧边花纹”。

（8）打开“素材”文件夹中的“花纹”文件，按上述方式完成如图 7-94 所示的效果。将全部“花纹”图层合并成一个图层，命名为“花纹”。

（9）打开“素材”文件夹中的“鲜花带”文件，使用“矩形选框工具”框选鲜花带中的一部分，如图 7-95 所示，使用“移动工具”将其移至“包装图设计”文件中。

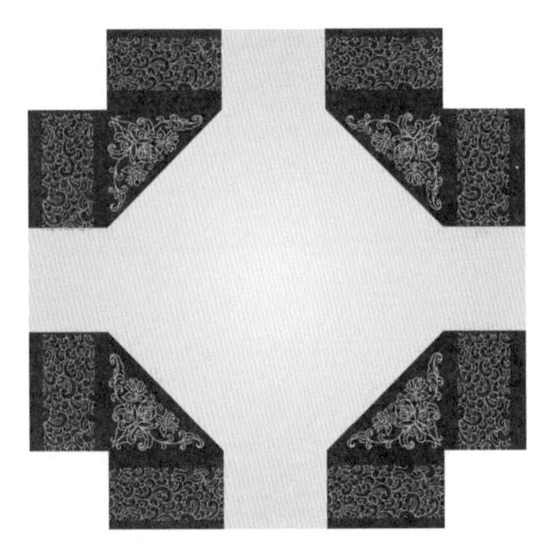

图 7-93 复制侧边花纹

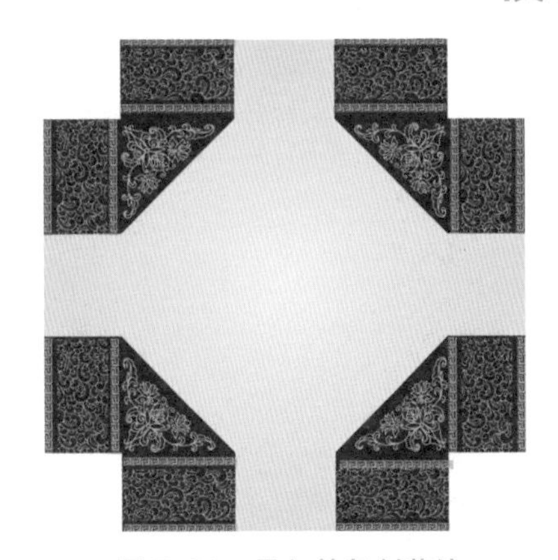

图 7-94 导入并复制花纹

图 7-95 框选部分鲜花带

（10）在按住【Shift】键的同时按【Ctrl+T】组合键，放大鲜花带，再将其放到如图 7-96 所示的位置。

（11）打开“背景花纹”文件，使用“移动工具”将其移至“包装图设计”文件中。将“底纹”图层放到“背景”图层的上面，在“底纹”图层名或其右侧空白处单击鼠标右键，在弹出的快捷菜单中选择“创建剪贴蒙版”命令，创建剪贴蒙版，如图 7-97 所示。

图 7-96 导入框选的鲜花带

图 7-97 创建剪贴蒙版

（12）在“图层”面板中单击“底纹”图层并为其添加“斜面和浮雕”图层样式，如图 7-98 所示。

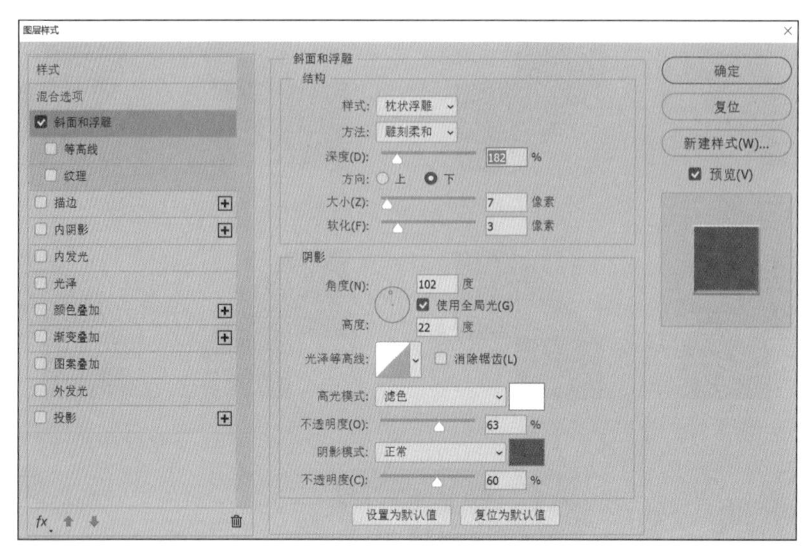

图 7-98 “图层样式”对话框——斜面和浮雕

（13）将前景色设置为#a16a34，将背景色设置为#fddb77。按【Ctrl+;】组合键显示辅助线，选择“椭圆工具”，在图像中心单击鼠标，在弹出的“创建椭圆”对话框中进行参数设置，如图 7-99 所示。效果如图 7-100 所示。

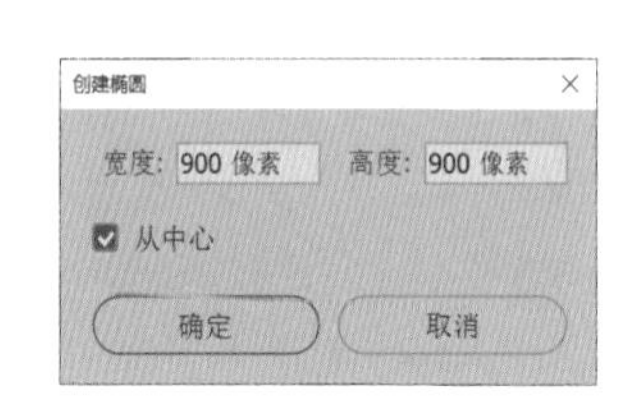

图 7-99 “创建椭圆”对话框

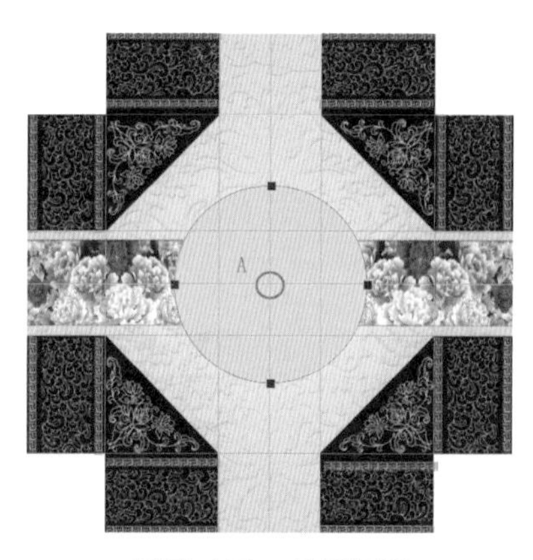

图 7-100 绘制圆形

（14）选择“椭圆工具”选项栏中的“减去顶层形状”命令，如图 7-101 所示。

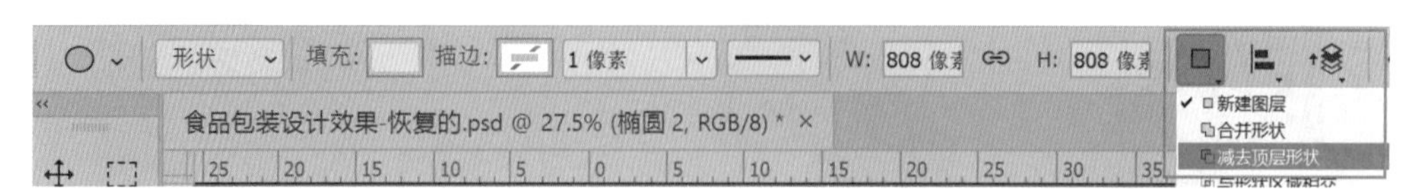

图 7-101 “减去顶层形状”命令

（15）继续在图像中心单击鼠标，在弹出的“创建椭圆”对话框中进行参数设置，如图 7-102 所示。

（16）单击“椭圆工具”选项栏中的“填充”按钮，设置渐变填充效果，如图 7-103 所示。

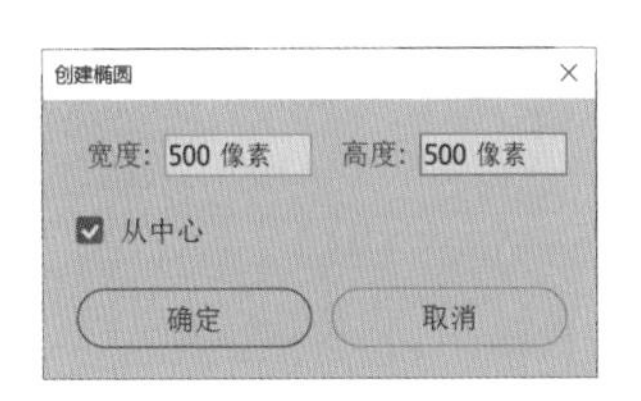

图 7-102　“创建椭圆”对话框

图 7-103　渐变填充

（17）单击“图层”面板中的“椭圆”图层，为其添加“描边”图层样式，参数设置如图 7-104 所示。

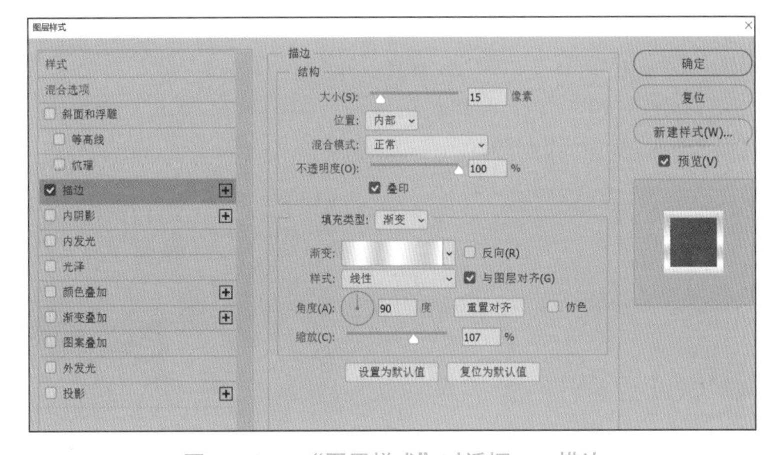

图 7-104　“图层样式”对话框——描边

（18）打开“素材”文件夹中的“玫瑰花球”文件，将“玫瑰花球”图层移至当前图像编辑窗口中，按【Ctrl+T】组合键，使其缩小为原来的 60%。在“图层”面板中，用鼠标右键单击“玫瑰花球”图层名或其右侧空白处，在弹出的快捷菜单中选择“创建剪贴蒙版”命令，创建剪贴蒙版，如图 7-105 所示。

图 7-105　创建剪贴蒙版

（19）单击“玫瑰花球”图层，为其添加“渐变叠加”图层样式，参数设置如图 7-106 所示。

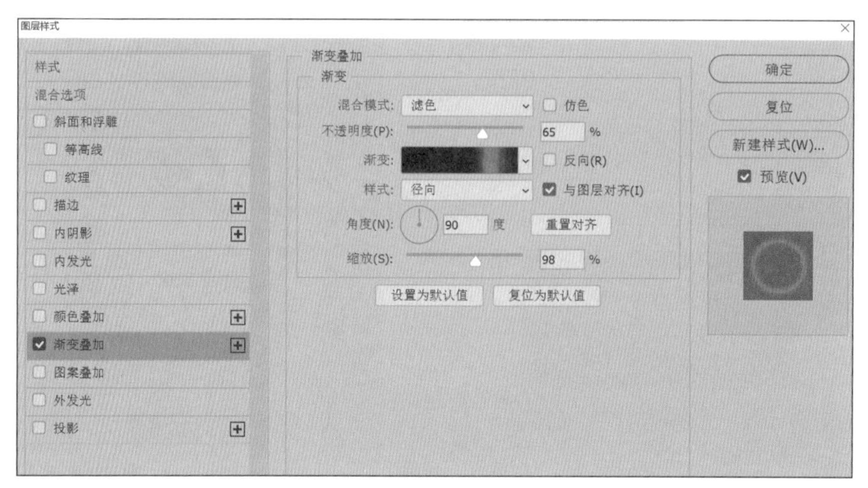

图 7-106　“图层样式”对话框——渐变叠加

（20）在“图层”面板中复制“玫瑰花球”图层，命名为“玫瑰花球 2”，并将其移至“椭圆”图层的下面。将图层混合模式设置为“划分”，不透明度为 57%，如图 7-107 所示。

（21）将前景色设置为#d0092a，将背景色设置为#38030d。使用“椭圆工具”绘制一个圆形，并设置渐变填充，如图 7-108 所示。在“图层”面板中将图层名称改为“红色背景”。

图 7-107　复制图层

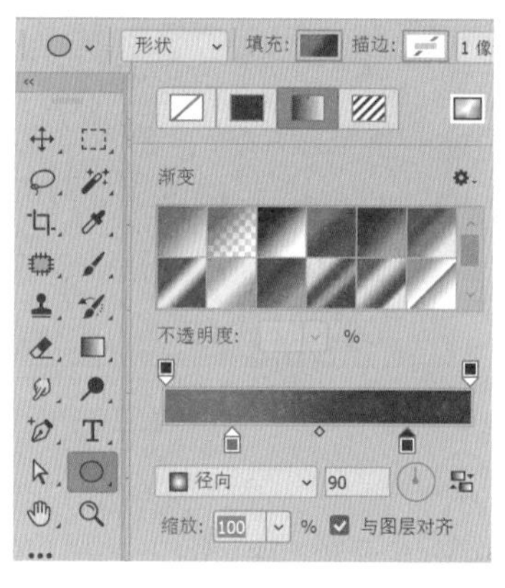

图 7-108　设置渐变填充

（22）在“玫瑰花球”图层上面新建图层，命名为“高光”。

（23）使用“椭圆工具”绘制一个椭圆形，并填充为白色，如图 7-109 所示。

图 7-109　绘制椭圆形

（24）将该图层的不透明度设置为 63%，并为图层添加蒙版，如图 7-110 所示。将画笔颜色设置为黑色，大小为 200px，硬度为 0%，在蒙版中涂抹椭圆形的下方。

图 7-110　添加蒙版

（25）打开“素材”文件夹中的“礼”文件，将其移至当前图像编辑窗口中，放于“高光”图层上方，命名为“礼字”，按【Ctrl+T】组合键缩小图形。使用“魔棒工具”选择白色部分并将其删除，如图 7-111 所示。

图 7-111　“礼字”图层

（26）为“礼字”图层添加“描边”“渐变叠加”“斜面和浮雕”图层样式，参数设置如图 7-112 所示。

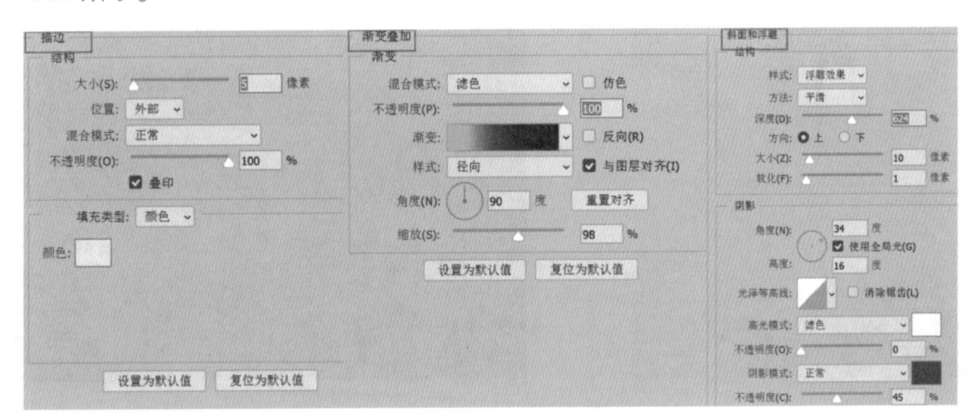

图 7-112　“图层样式”对话框——描边、渐变叠加、斜面和浮雕

（27）完成包装图的设计。

上机操作题

1. 制作如图 7–113 所示的节日贺卡。

2. 制作如图 7–114 所示的会员卡。（提示：使用“矩形工具”“横排文字工具”“快速选择工具”等。）

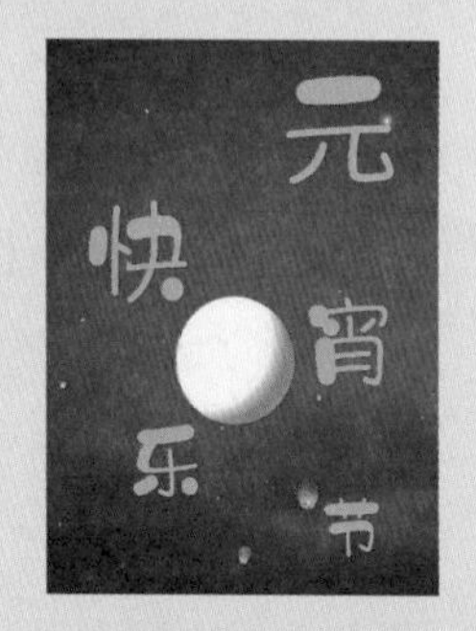

图 7–113　节日贺卡效果图

图 7–114　会员卡效果图

3. 利用所给素材制作如图 7–115 所示的节水海报。（提示：使用剪切蒙版、蒙版、“快速选择工具”等。）

4. 利用素材图片合成如图 7–116 所示的恐龙世界效果图。

图 7–115　节水海报效果图

图 7–116　恐龙世界效果图

5．利用“钢笔工具”“路径选择工具”和形状工具组中的工具等制作如图 7-117 所示的促销活动图。

图 7-117　促销活动图